Susanne C. Steiger

GENAU MEIN TYP!

Müller Rüschlikon

IMPRESSUM

Einbandgestaltung: R2 I Ravenstein, Verden

Titelbild: Collage Nicola van Ravenstein

Bildnachweis: S. 188

ISBN 978-3-275-02373-8

Postfach 103743, 70032 Stuttgart
Ein Unternehmen der Paul Pietsch Verlage GmbH & Co. KG

1. Auflage 2026

Sie finden uns im Internet unter
www.mueller-rueschlikon-verlag.de

Gesamtleitung: Claudia König
Innengestaltung: R2 I Ravenstein
Druck und Bindung: Graspo CZ, 76302 Zlin
Printed in Czech Republic

Folgen Sie uns für mehr Infos zu unseren Hundebüchern auf:

www.instagram.com/muellerrueschlikon.hund

www.facebook.com/muellerrueschlikonverlag

Dieser QR-Code führt dich zu den in diesem Buch enthaltenen Medien.

Im Buch verteilt findest du eine große Anzahl weiterer QR-Codes – dahinter verbergen sich vielfältige Zusatzinformationen zu Rassen und mehr.

INHALT

Ein paar Worte zuvor

Es gibt doch schon genug Hundebücher – warum noch eines? Ich glaube, es kann nie genug geben – denn es gibt immer Neues zu entdecken. Mir ist es in meinen Jahren als Chefredakteurin beim Magazin DER HUND (und auch davor und immer noch) nie verständlich gewesen, warum manche Hunderassen als Familienhunde oder Anfängerhunde angepriesen werden. Vielleicht geht es dir genauso, und du denkst: „Ist nicht jeder Hund, den wir uns nicht ausschließlich als „Arbeitstier“ halten, ein Familienhund?“ Und sind sie das nicht unabhängig von einer mehr oder weniger jahrhundertelangen Zuchtselektion auf bestimmte Eigenschaften, Aussehen oder Charakterzüge? Genau das möchte ich in den Vordergrund stellen. Schließlich kommt es am meisten darauf an, dass Hund und Haltende zusammenpassen. Darum geht es also – das passende Match zu finden. Den Hund(etyp), der wirklich zu dir passt. Wenn das mit Hilfe der Typen klappt – lass es mich gerne wissen!

Susanne C. Steiger

1.

RASSE, MIX ODER ... – GENAU MEIN TYP!

Fokus auf das wie es passt – und welcher Typ dahintersteckt!

Egal, ob du einen Hund oder mehrere hast, ob du dir überlegst, einen Hund anzuschaffen oder das Buch für jemand anderen in Betracht ziehst: Hier sind alle richtig, wenn sie nicht das drölfzigste Rassestandardbuch suchen. Klar geht es auch um Rassehunde – in erster Linie jedoch darum, dass und wie Mensch und Hund am besten zusammenpassen und miteinander das Leben genießen können. Darum stehen die Charaktertypen im Vordergrund – mit oder ohne Stammbaum. Klingt ein wenig pathetisch? Oder nach einer anderen Version von Tinder? Ja, könnte beides passen. Denn für alle die, die erst noch ihren Hund finden wollen, kann es der Schlüssel sein zum besten Match. Und für alle, die schon ihre tierische Begleitung haben, kann es der Gamechanger sein in Sachen Verstehen, wie dein Hund wirklich tickt. Alles, was du tun musst, ist, die Checkliste ehrlich zu beantworten und die Typen, die in deinem Hund stecken, kennenzulernen und dich mit einzubringen. Zu den unterschiedlichen Typen kommen Expertinnen und Experten zu Wort, die dir einen persönlichen und dennoch fachlich fundierten Einblick geben in einen Typ Hund, der dich in den jeweiligen Abschnitten erwartet. Dabei orientiert sich das Buch an Gruppen, die die FCI (Fédération Cynologique Internationale) für Rassehunde mit internationaler Anerkennung und Zuchtstandard aufgestellt hat. Nicht akribisch genau, nicht alle – aber ergänzt um beliebte Hybrid-Hunde und Sonderrassen. Außerdem lernst du zehn Mischlinge kennen, die ihr perfektes Match schon gefunden haben – vielleicht entdeckst du darin ja auch genau deinen Typ Hund wieder. Alle im Buch vorgestellten Rassen und weitere, über QR-Codes abrufbare, findest du im Register aufgelistet. Alle Portraits sind so gestaltet, dass du neben den Charaktereigenschaften auch Vorschläge zur Beschäftigung findest. Mit dem zugehörigen QR-Code stehen außerdem noch ein kleiner geschichtlicher Einblick sowie ein Steckbrief im Internet bereit, mit denen du noch mehr Fakten zur Rasse erfährst. Du findest jeweils die einzelne Aktivitäts- und Charaktereinordnung am Ende der Portraits. Eine Antwort darauf, warum die Rasse nicht alles entscheidet, und was den Typ deines Hundes noch prägt und beeinflusst, bekommst du anschließend. Ein kurzer Ausflug in die Epigenetik und auch die Betrachtung unseres eigenen Einflusses auf den Charakter eines Hundes runden die „Typologie“ ab. Und wenn du einfach nur stöbern willst, welcher Typ vielleicht genau deiner ist, kannst du das auch, versprochen.

Wie das Buch und die QR-Codes funktionieren!

Ádám Miklósi erklärt uns, warum es überhaupt so viele verschieden Hunde gibt und welche Bedeutung das heute eigentlich noch hat:

„Nicht die Rasse entscheidet, sondern das Individuum“

Wenn wir uns die enorme Vielfalt der Hunde anschauen, von der kleinsten Rasse bis zum Irish Wolfhound, stellt sich zunächst die Frage: Woher kommt das überhaupt? Ich glaube, man kann das aus zwei Richtungen betrachten. Zum einen war da über die gesamte Geschichte der Domestikation hinweg – und besonders in den letzten hundert Jahren – die Mode, unterschiedliche Rassen zu züchten. Manchmal nur

wegen des Aussehens, wegen der Fellfarbe oder der Körperform. Viele Menschen haben daran schlicht Freude gefunden. Ursprünglich aber geht die Idee der Unterschiedlichkeit auf die Funktion zurück – auf die Frage, wofür man mit einem Hund kooperiert und welche Aufgaben er hat. Hunde, die eine Schafherde vor Wölfen schützen sollten, mussten mindestens sehr groß und kräftig sein. Deshalb hat man in diese Richtung gezüchtet. Der Kuvasz oder der Komondor sind solche Typen – ihre schiere Größe hatte einen Wert, weil Wölfe dadurch vorsichtiger wurden. Für die Baujagd wiederum brauchte man das genaue Gegenteil: kleine Hunde, die keine Angst haben, wenn sie sich in engen Gängen bewegen müssen. Das hat nicht nur die Größe verändert, sondern auch Verhalten und Motivation. Wie ein Hund aussah, war damals sekundär. Er sollte seine Aufgabe erfüllen.
Dann kamen die Hundeausstellungen dazu, wo das Schönheitsideal eine immer größere Rolle spielte. Heute haben wir rund 400 anerkannte Hunderassen – ein Ergebnis dieser langen Geschichte.

Vom Arbeitstier zum Familienhund – eine neue Selektion

Gleichzeitig ist eine weitere Entwicklung hinzugekommen: Als die Menschen zunehmend in Städten zu leben begannen, wollten sie ihre Hunde mitnehmen. Und nicht jede Rasse und nicht jedes Individuum ist für das Stadtleben geeignet. So entstand eine Art spontane Selektion auf Hunde, die in diesem Umfeld gut funktionieren – eine neue Selektion für den sogenannten Familienhund.
Das bedeutet: Ein Deutscher Schäferhund, der heute in einer Wohnung lebt, ist wahrscheinlich ein anderer Hund als

Prof. Dr. Ádám Miklósi ist Biologe und leitet an der Eötvös-Loránd-Universität Budapest eine der weltweit führenden Forschungsgruppen zur Hundewissenschaft. Seit über 30 Jahren erforscht er Persönlichkeit, Genetik und Rasseunterschiede bei Hunden – unter anderem im Vergleich mit Wölfen.

ein Schäferhund, der vor hundert Jahren lebte – oder als einer, der heute bei der Polizei arbeitet. Wenn man hundert Polizei-Schäferhunde, hundert Sport-Schäferhunde und hundert typische Familien-Schäferhunde nebeneinanderstellt, sind die wahrscheinlich genetisch verschieden. In welchem Maß das aber mit ihrer Persönlichkeit und ihrem Temperament zusammenhängt, ist eine andere Frage. Wahrscheinlich ja – aber das muss man wissenschaftlich untersuchen, systematisch, mit großen Gruppen. Und man muss dabei immer im Kopf behalten: Eine Aussage über eine Population ist nie eine Aussage über ein einzelnes Tier.

Genetik ist nur ein Teil der Geschichte

Diese genetischen Unterschiede zwischen Gruppen sind oft sehr klein. Und da die Umwelt, in der ein Hund aufwächst und lebt, sehr variabel ist, können auch kleine genetische Unterschiede in der Praxis kaum sauber gemessen werden. Wir wissen aus unserer Forschung, dass einige genetische Unterschiede dafür verantwortlich sind, wie aktiv oder aufmerksam ein Hund ist. Aber Genetik ist nur ein Teil – Umwelt, Sozialisation und Training prägen ebenso mit.

Ein gutes Beispiel: Labrador-Welpen haben eine stärkere Neigung zu Apportieraufgaben und zum Spielen mit Objekten als zum Beispiel Husky-Welpen. Aber das ist eine sehr allgemeine Aussage. Wenn man sich einen Labrador aus einer Familienzucht holt und einen aus einer Jagdlinie, verhalten die sich ganz unterschiedlich. Die Selektion auf bestimmte Aufgaben hat über viele Jahrzehnte – manchmal Jahrhunderte – in beide Richtungen gewirkt.

Das macht die Situation komplex. Wer aus Versehen einen Welpen aus einer echten Jagdlinie nach Hause nimmt, wird schnell merken, dass der Hund mit allen möglichen Dingen herumrennt, ständig in Bewegung ist, keine Ruhe gibt. Das ist nicht unmöglich zu handhaben, aber es entspricht nicht dem, was die meisten Menschen von einem Hund heute erwarten.

Jeder Hund hat sein eigenes Talent

Was ich immer empfehle: Findet heraus, was euer Hund gerne macht. Jeder Hund hat sein eigenes Talent. Der eine interessiert sich für Nasenarbeit, der andere für das Spiel mit anderen Hunden, der dritte ist von Natur aus eher jagdorientiert. Dann braucht man für den letztgenannten natürlich etwas Kontrolle – aber man kann auch gute Ersatzangebote schaffen, etwa Suchspiele. Das Wichtigste ist, herauszufinden, wie man mit dem Hund interagiert. Denn lernen wollen sie alle – so wie Menschen ihre Stärken in Biologie, Mathematik oder Literatur haben, haben Hunde unterschiedliche Vorlieben. Aber lernen können sie grundsätzlich immer, wenn man ihnen die richtigen Aufgaben gibt.

Hunde passen sich in hohem Maß an – leider auch in negativer Richtung. Wenn nichts passiert, wenn keine Anreize da sind, dann schläft ein Hund die nächsten zehn Jahre durch. Das ist nicht gut für ihn. Und es ist in den wenigsten Fällen das, warum man sich einen Hund holt.

Das Gute ist: Man kann auch später noch etwas erreichen. Wenn man im Erwachsenenalter herausfindet, was ein Hund wirklich gerne macht, kann man ihn aus einem passiven Zustand wieder herausholen. Nur gilt: Je früher, desto besser. Mit einem zehnjährigen Hund ist es schwieriger als mit einem jungen – aber nicht umsonst.

Interview mit Ádám Miklósi

2.

WELCHER HUND PASST ZU MIR? – MEIN TYP IST GEFRAGT!

Was du wirklich willst – und was du leisten kannst

Eigentlich müsste das Kapitel so heißen: Wer bin ich und wenn ja, welcher Hund passt zu mir? Denn hier spielst du die Hauptrolle. Zumindest, was die zwei wichtigsten Fragen betrifft: Was willst du eigentlich von deinem Hund – und was kann er von dir erwarten? Ich lade dich also zu einer ehrlichen Betrachtung deiner Person und deine Wünsche ein. Welche Vorlieben, Lebensumstände und Bedürfnisse bringst du mit? Welche Eigenschaften faszinieren dich – und wo liegen deine Grenzen? Die Checkliste zu Aktivität, Pflege, Charakter, Gesundheit & Co. unterstützt dich dabei, realistisch einzuschätzen, welche Art von Hund zu dir passt. Ein bewusstes „Ja" ist der erste Schritt zu einem guten Leben für euch beide. Übrigens passt ihr am besten, wenn ihr euch ergänzt – durch gleiche Interessen, Lebensfreude und -stil, wobei ein bisschen „fordern" schon in Ordnung geht, wechselseitig, versteht sich!
Die alles entscheidende Frage lautet: Du willst mit deinem Hund ein perfektes Match abgeben? Prima. Dann fangen wir gleich mit dir an. Schließlich bist du die Hauptperson. Stell dir also die folgenden Fragen: Was für ein Mensch bin ich und möchte und kann(!) ich sein, bei dem ein Hund ein glückliches Leben hat? Neben meinen sportlichen Ambitionen (schließlich sorgt ein Hund für meist mehr Bewegung) sind es meine Eigenschaften, die mich ausmachen und die unsere (Mensch-Hund-)Beziehung beeinflussen. Und dann sind da noch meine Wünsche und Bedürfnisse. Eigentlich ganz einfach, oder? Wähle in der Checkliste einfach immer die Antwort, die in der Regel am besten für dich passt (kleine Abweichungen kannst du ignorieren). Und wie bei Tinder (also doch? – Nicht ganz, versprochen!) gibt es auch die Fragen danach, was du dir von deinem Hund wünschst oder gewünscht hast. Denn die Checkliste gilt auch für schon vorhandene Hunde.

Checkliste: Welcher Hund passt zu mir?

Beantworte alle zehn Fragen möglichst ehrlich. Du erhältst deinen persönlichen Typ – und ebenso die Charakterisierung für den passenden Hundepartner. Dabei gilt: Je nachdem, welche Antwort: A, B, C oder D bei Aktivität bzw. bei Charakter am häufigsten auftaucht, kannst du dich bei den Hundetypen daran orientieren. (Auch, wenn du dir nicht ganz schlüssig bist.) Und wenn du dir deinen tierischen Partner von Größe und Fell anders vorgestellt hast – vielleicht überzeugt dich der Charakter doch mehr als der erste Eindruck? Ich bin der festen Überzeugung: Typ zählt mehr als Aussehen.

Teil 1 – Du & deine Aktivität

Wie sieht dein Alltag wirklich aus?

A Gerne viel in Bewegung – Sport, Natur, Outdoor. Schlechtes Wetter ist kein Thema.
B Ich bin aktiv und gehe gern raus, schätze aber auch gezielte Ruhephasen.
C Ich bewege mich gern, wenn Motivation und Wetter stimmen. Couchabende sind ebenso willkommen.
D Ruhig und gemütlich – ich bin gern zuhause und brauche wenig, um glücklich zu sein.

Wie viel Aufwand bringst du für gemeinsame Beschäftigung auf?

A Ich möchte mit meinem Hund wirklich etwas aufbauen – Sport, Ausbildung, Prüfungen.
B Etwas Training und gemeinsame Aktivitäten sind schön – Hochleistungssport muss es nicht sein.
C Schnüffelspiele, gelegentlich was Neues ausprobieren, kleine Tricks – das reicht mir.
D Ich möchte keinen Hund, den ich ständig fordern muss. Zusammen sein genügt mir.

Was soll dein Hund mit dir erleben?

A Wanderungen, Radtouren, Laufen, Hundesport – mein Hund soll bei allem dabei sein.
B Tägliche Spaziergänge, gelegentliche Ausflüge, mal etwas Neues lernen – eine gute Mischung.

C Entspannte Gassirunden, Spielen im Park, gemeinsam auf dem Sofa – das ist ein schönes Leben.

D Gemütliche Runden, gemeinsame Zeit zuhause, Kuscheln und einfach da sein.

Teil 2 – Du & dein Charakter

Es wird chaotisch – wie reagierst du?

A Herausforderungen spornen mich an. Kaum etwas bringt mich aus der Ruhe.

B Ich brauche kurz zum Orientieren – dann packe ich es an. Perfekt muss es nicht sein.

C Chaos versuche ich zu vermeiden. Wenn es wirbeliger wird, bin ich eher der ruhigere Typ.

D Aufgewühlte Situationen sind nichts für mich. Ich habe es lieber ruhig und geordnet.

Dein Hund hat etwas angestellt. Wie gehst du damit um?

A Das gehört dazu – ich bin geduldig, konsequent und lerne gern dazu.

B Mit Geduld und einer Hundeschule kriegen wir das hin.

C Ich wünsche mir einen Hund, der von Natur aus unkompliziert ist.

D Am liebsten ein Hund, der schon weiß, wo's langgeht – und wenig Korrektur braucht.

Wie eng soll die Bindung zu deinem Hund sein?

A Mein Hund soll überall dabei sein – ein echter Partner auf Augenhöhe.

B Viel gemeinsam, aber wir dürfen beide auch unsere eigenen Momente haben.

C Einfach da sein – auch wenn wir nichts Besonderes tun.

D Mein ruhiger Kumpel – nah bei mir, ohne ständig etwas unternehmen zu müssen.

Ergebnis: Aktivitätstyp Mensch:

Charaktertyp Mensch:

Teil 3 – Welchen Hund wünschst du dir?

Wie aktiv soll dein Hund sein?

A Sehr aktiv – immer bereit, immer dabei. Ein Hund, der mich antreibt statt bremst.

B Aktiv-ausgewogen – täglich gut bewegt, aber auch in der Lage, ruhig zu liegen.

C Gemäßigt – regelmäßige Spaziergänge reichen, keine Beschäftigungsjunkies.

D Ruhig und ausgeglichen – ein Hund, dem gemütliche Runden und Zuhause genügen.

Teil 4 – Was erwartest du von deinem Hund?

Wie soll dein Hund auf dich reagieren?

A Eigenständig und selbstbewusst – ein Hund mit Meinung, der mich fordert und überrascht.

B Kooperativ und lernfreudig – will gefallen, braucht aber klare Führung.

C Unkompliziert und zugänglich – folgt gerne, ohne viel Überzeugungsarbeit.

D Sanft und anlehnungsbedürftig – ein Hund, der Nähe sucht und sich führen lässt.

Wie soll dein Hund mit fremden Menschen und anderen Hunden umgehen?

A Wachsam und selektiv – er darf Fremde kritisch einordnen und sein Zuhause beschützen.

B Offen aber nicht aufdringlich – freundlich, wenn das Gegenüber es verdient.

C Herzlich und unkompliziert – mit allen auf Anhieb gut klarkommen.

D Ruhig und verträglich – kein Drama mit anderen Hunden, freundlich zu Menschen.

Was soll dein Hund in erster Linie für dich sein?

A Arbeitspartner und Sportgefährte – jemand, mit dem ich etwas aufbaue und leiste.

B Aktiver Alltagsbegleiter – dabei, kooperativ, vielseitig.

C Familienfreund und Kumpel – offen, herzlich, für alle da.

D Seelentröster und ruhiger Begleiter – nah, anhänglich, treu.

Ergebnis: Aktivitätstyp Hund:

Charaktertyp Hund:

Im Register findest du hinter jeder Hunderasse die Angabe ihrer überwiegenden Typ-Zuordnung, sodass du direkt weißt, ob ihr matchen könntet.

Checkliste Mensch-Hund

3.

RASSETYPISCH UND INDIVIDUELL – WENN BEIDES ZÄHLT

Ein Labrador ist ein Labrador – oder doch nicht?
Was Rasse wirklich bedeutet, was sie nicht bedeutet und warum der Hund vor dir immer zuerst er selbst ist.

Lass uns mit einer ehrlichen Bestandsaufnahme beginnen. Denn es gibt eine Grundwahrheit über die Hunde, die in unserer Gesellschaft angekommen ist, aber von der Hundewelt – von Züchterinnen, Rasseverbänden, Tierheimen, Ratgeberbüchern und auch von gutmeinenden Bekannten – gerne übergangen wird:
Die überwältigende Mehrheit der Hunde, die heute in deutschen Haushalten lebt, ist Familienhund. Punkt. Nicht Jagdhund. Nicht Hütehund. Nicht Schutzhund. Familienhund. Werden Hunde bis etwa Mitte des 20. Jahrhunderts noch überwiegend als Gebrauchshunde eingesetzt, werden sie heute im deutschsprachigen Raum hauptsächlich als Familienhunde und Sozialpartner gehalten – und das gilt für Rassehunde genauso wie für Mischlinge. Der Vizsla liegt auf dem Sofa. Der Weimaraner begleitet beim Stadtspaziergang. Der Border Collie wohnt in der Zweizimmerwohnung. Das klingt vielleicht zugespitzt, aber es ist die Realität von vielen Millionen Hunden. Das bedeutet nicht, dass Rassen keine Rolle spielen. Aber es bedeutet, dass die Frage „Welcher Hund passt zu mir?“ sich nicht mehr vorrangig damit beantworten lässt, wofür eine Rasse ursprünglich gezüchtet wurde – sondern wie der konkrete Hund, der vor dir sitzt, heute ist.

Von der Arbeit ins Wohnzimmer – eine kurze Geschichte

Um zu verstehen, warum wir überhaupt so stark auf Rassemerkmale fixiert sind, lohnt sich ein kurzer Blick zurück. Hunde wurden jahrtausendelang tatsächlich für konkrete Aufgaben eingesetzt und gezielt dafür ausgewählt. Jagdhunde sollten Beute aufspüren, stellen oder apportieren. Hütehunde sollten Herden zusammenhalten. Schlittenhunde mussten ausdauernd ziehen, Wachhunde misstrauisch gegenüber Fremden bleiben. Damals vor allem als Nutz- und Arbeitstiere gehalten, sind es heute vorwiegend Heimtiere ohne Broterwerbsaufgaben – Freizeitbegleiter, Sozialpartner, Familienmitglied. Auch Gebrauchshunde wie Polizeihunde werden mittlerweile zumeist im Hause beim Hundeführer gehalten und nicht isoliert im Zwinger. Selbst der Jagdhund ist heute mehrheitlich Familienmitglied. Längst nicht mehr alle Jagdhunderassen sind für die Jagd, wie sie heute in unseren Breiten praktiziert wird, brauchbar. Hetz- und Schleppjagden sind verboten, und viele Hunderassen sind jagdlich gesehen „arbeitslos“. Viele Rassen wurden für Aufgaben gezüchtet, die es in dieser Form gar nicht mehr gibt. Ihre Nachfahren tragen zwar noch genetische Veranlagungen mit sich – aber in welchem Ausmaß sie sich zeigen, ist individuell höchst verschieden.

Warum die Rasse trotzdem mitmischt

Die modernen Hunderassen, wie wir sie kennen, sind eine Erfindung des 19. Jahrhunderts – genauer gesagt der viktorianischen Ära, die sich rasch auf den europäischen Kontinent übertrug. Davor gab es Hundetypen, die für bestimmte Aufgaben geeignet waren, aber keine festgeschriebenen Rassestandards. Erst mit der Industrialisierung und dem Aufkommen bürgerlicher Freizeitkultur entstand das, was wir heute unter einer „Rasse“ verstehen: eine Gruppe von Hunden, die einem definierten körperlichen Idealtyp entspricht und deren Abstammung dokumentiert ist. Was dabei passierte, war eine graduelle Verschiebung: Weg von der Leistungszucht, hin zur Vereinheitlichung. Körperliche Merkmale wurden zum Auswahlkriterium – Fellfarbe, Ohrenform, Körperbau, Rute. Und weil körperliche Merkmale genetisch viel einfacher

und verlässlicher vererbbar sind als Verhaltensmerkmale, war diese Zucht in Bezug auf das Aussehen erfolgreich. In Bezug auf den Charakter war sie es weit weniger. Dieser Punkt ist zentral für alles, was folgt.

Rasse ist längst nicht alles, was Vererbung angeht

2022 veröffentlichte das Wissenschaftsjournal Science eine Studie, die Kathleen Morrill und ihr Team an der University of Massachusetts durchführten: Sie hatten im Rahmen des Community-Science-Projekts Darwin's Ark über 18.000 Hunde ausgewertet und bei mehr als 2.000 von ihnen auch das Erbgut analysiert. Das Ergebnis war eindeutig: Die Rasse eines Hundes erklärt gerade einmal neun Prozent der Verhaltensunterschiede zwischen einzelnen Tieren. 91 Prozent dessen, wie ein Hund tickt, hat also mit seiner Rasse nichts zu tun. Was die Forschenden außerdem herausfanden: Verhaltensmerkmale sind zwar grundsätzlich erblich, aber sie sind polygen, durch die Umwelt beeinflusst und kommen bei allen Rassen in unterschiedlicher Häufigkeit vor. Stereotype wie „der aggressive Rottweiler" oder „der immer freundliche Labrador" finden in den genetischen Daten keine konsistente Grundlage. Es gibt Ausnahmen: Für das sogenannte Biddability – die Bereitschaft, auf menschliche Anweisungen zu hören – zeigten sich bei Border Collies und Australian Cattle Dogs tatsächlich genetische Signaturen. Das macht Sinn: Diese Eigenschaft wurde über viele Generationen bewusst selektiert. Aber selbst hier gilt: Auch innerhalb dieser Rassen gibt es enorme individuelle Unterschiede. Was hingegen stark rassetypisch ist:

das Aussehen. Der Körper gehorcht dem Zuchtstandard. Die Seele tut es nicht.

Der Beobachtungsbias – warum wir sehen, was wir erwarten

Hier kommt ein Phänomen ins Spiel, das die Studie besonders elegant herausgearbeitet hat. Wenn du einen Golden Retriever hast und der Überzeugung bist, dass Golden Retrievers besonders menschenfreundlich sind, wirst du freundliches Verhalten stärker wahrnehmen und stärker bestärken. Die Erwartung formt die Wahrnehmung. Die Forschenden konnten zeigen: Bei Mischlingen mit Labrador-Anteil war keine erhöhte Menschenfreundlichkeit genetisch nachweisbar – obwohl Besitzer reinrassiger Labradore genau das über ihre Hunde berichten. Der „freundliche Labrador" ist also offenbar weniger Genetik als Erwartung und Sozialisation.

Doch auch Rassetypisches kann sich zeigen – und das ist gut so

Bevor du jetzt denkst, Rasse spiele überhaupt keine Rolle – ein kleines Innehalten. Denn die Wahrheit ist, wie so oft, differenzierter. Neun Prozent ist nicht null. Und für das Leben mit einem konkreten Hund kann auch dieser Anteil spürbar sein.
Ein Retriever, der dir jede Socke apportiert, die er finden kann. Ein Beagle, der bei jedem Spaziergang seine Nase tief in den Boden bohrt und die Welt erst begreift, wenn er sie erschnüffelt hat. Ein Hütehund, der auf dem Spielplatz instinktiv die Kinder zusammentreibt. Ein Terrier, der ein Loch gräbt, als hinge sein Leben davon ab. Das sind keine Fehler. Das sind Hunde, die zeigen, was in ihnen steckt – und die dabei einfach nur Hund sein wollen.

Diese Momente können überraschend sein, manchmal herausfordernd – und häufig sind sie das Herzstück dessen, was das Zusammenleben mit einem Hund so lebendig macht. Wenn ein Familienhund plötzlich seinen Urgroßvater herauskehrt, ist das kein Rückfall und kein Problem. Es ist eine Einladung: Versteh mich. Gib mir einen Kanal, über den ich das ausdrücken kann, was in mir steckt. Und dann lass uns gemeinsam herausfinden, wie das in dein Leben passt.
Rassetypisches Verhalten, das im Alltag auftaucht, muss kein Konflikt sein – es kann, mit etwas Wissen und Neugier, die Verbindung zwischen Mensch und Hund sogar vertiefen. Wer versteht, warum sein Hund tut, was er tut, kann gelassener damit umgehen. Und wer gelassen damit umgeht, hat in jedem Fall gewonnen.

Prof. Dr. Kurt Kotrschal betrachtet die Beziehung zwischen Mensch und Hund wie folgt:

„Vom Wolf zum Sozialgefährten: eine sich immer weiter entwickelnde Geschichte"

Hunde und Menschen sind seit etwa 40.000 Jahren miteinander verbunden. Bereits in der Altsteinzeit kamen Menschen mit Wölfen zusammen, und schon bald darauf gab es wolfsartige Hunde. Was uns mit Hunden verbindet – und das gilt übrigens nicht nur für Hunde und Katzen, sondern selbst für Krähen und Papageien – sind grundlegend ähnliche soziale Mechanismen, die quer durch viele Tierarten funktionieren. Das erklärt, warum wir überhaupt mit so vielen unterschiedlichen Tieren sozial sein können – vorausgesetzt, die Sozialisierung funktioniert.

Hunde stammen von Wölfen ab, und damit mussten sie das mitbringen, was Wölfe ausmacht: Kooperativität und Bindungsbereitschaft. Diese Fähigkeit zur engen sozialen Verbindung haben sie von ihren Vorfahren geerbt – und dann auf Menschen umgelegt, und zwar wesentlich stärker, als es selbst handaufgezogene Wölfe tun. Deshalb sind Hunde zu unserem „anderen Ich" geworden. Irgendwo zwischen Wolf und Mensch. Hunde wissen noch, dass sie keine Menschen sind – manche Menschen scheinen allerdings in der Zwischenzeit vergessen zu haben, dass Hunde keine Menschen sind.

So wurden aus Wölfen Hunde – das Domestikationssyndrom

Wie kam es dann vom Wolf zu den vielen Hundetypen und schließlich zu über 400 Rassen? Das hat Charles Darwin bereits fasziniert. In seiner „Entstehung der Arten" von 1859 fiel ihm auf, dass domestizierte Tiere – egal ob Hunde, Kaninchen oder Rinder – immer auf ähnliche Weise von der Wildform abweichen: sanfteres Wesen, veränderte Fellfarben, manchmal Ringelschwänze, Hängeohren, kürzere Schnauzen, kleinere Zähne. Was heute als „Domestikationssyndrom" bezeichnet wird, hatte Darwin in der Grundidee bereits erkannt: Diese Merkmale könnten zusammenhängen – entstanden durch Selektion auf Zahmheit, auf sanftes Wesen.
Vor 40.000 Jahren haben Jäger und Sammler Wolfswelpen aufgezogen. Jene Wölfe, die sich leichter taten, gern bei den Menschen blieben, sind geblieben. Die anderen sind gegangen oder wurden verscheucht. Eine automatische Selektion auf sanfteres, toleranteres Wesen. Ich habe selbst mit Kolleginnen etwa

Manche Hunde ähneln äußerlich dem Wolf mehr als andere - die Verwandtschaft misst sich jedoch nicht im Aussehen...

Prof. Dr. Kurt Kotschal ist Verhaltensbiologe und langjähriger Leiter der Konrad-Lorenz-Forschungsstelle in Grünau. 2008 gründete er mit Kolleginnen das Wolfsforschungszentrum in Ernstbrunn, wo Wölfe und Hunde unter vergleichbaren Bedingungen untersucht werden. Seit 2000 forscht er intensiv zur Mensch-Hund-Beziehung und hat maßgeblich unser heutiges Bild vom Hund mitgeprägt.

30 Wölfe aufgezogen – und obwohl wir das sehr sorgfältig und standardisiert versucht haben, kamen 30 sehr unterschiedliche Persönlichkeiten heraus. Was für ein Spektrum da drinsteckt! Manche dieser frühen Wölfe werden damals geblieben sein, andere sind gegangen – und so kann man sich diese erste Annäherung an das Zusammenleben vorstellen.
Diese erste Phase dauerte etwa 30.000 Jahre. Erst vor rund 10.000 Jahren wurden Menschen sesshaft, und mit der Sesshaftigkeit veränderte sich alles: Es kam zu Hierarchisierung, zu Kriegsführung, zu Viehzucht. Plötzlich brauchte man Hunde, die die Siedlung bewachten, das Vieh schützten, jagten, und auch in Kriegen kämpften. Und man begann auch gleich von Anfang an, kleine Hunde „fürs Herz und fürs Bett" zu züchten – die aristokratische Oberschicht hatte immer auch Luxushunde. Wenn man sich Gemälde europäischer Herrscher des Mittelalters und der Neuzeit anschaut, sieht man das sehr deutlich: Männer mit ernsthaften Jagdhunden, Frauen mit Schoßhündchen. Die moderne Hunderasse im heutigen Sinn ist dann eine Erfindung des viktorianischen Zeitalters. Um 1860 begannen in England die Hundeausstellungen – Crufts gibt es bis heute. Parallel dazu begann die Zucht nach festgeschriebenen Rassestandards, und so kamen wir zu den über 400 anerkannten Rassen.

Warum aus Arbeitstieren Familienhunde wurden

Ich würde sagen, etwa 80 Prozent der Rassen, die heute als Familienhunde gehalten werden, wurden ursprünglich für ganz andere Zwecke gezüchtet: für die Jagd, für den Kampf mit anderen Hunden, für das Hüten und Lenken von Vieh, als Schlittenhunde. Diese Eigenschaften sind nach wie vor vorhanden. Huskys zum Beispiel sind großartige Tiere, aber keine Bindungsexperten, und man wird sie nie wirklich davon überzeugen, nicht zu jagen – dafür sind sie zu tief geprägt, auch wenn sie schon lange als Begleithunde gezüchtet werden. Das macht das Leben mit solchen Hunden als Familienhunden manchmal etwas mühsam.
Das soll nicht heißen, dass diese Hunde nicht faszinierend sein können. Aber man sollte sich schlau machen, bevor man so einen Hund übernimmt, auch bezüglich der rassespezifischen Eigenschaften – und bitte nicht nur auf die positiven Botschaften hören. Den Heiligen unter den Hunden gibt es nicht.

Show- und Arbeitslinie – und die Frage der Gesundheit

Zur Frage der Show- und Arbeitslinien: In der Schaulinie wird vor allem auf Aussehen gezüchtet. Dabei werden die Arbeitseigenschaften etwas abgeschliffen – was durchaus gut sein kann, denn mit einem echten Arbeitslinien-Border-Collie kann man kaum leben, wenn man keine Schafe hat. Das nervt den Hund, das nervt die Menschen. Die kritische Kehrseite ist aber, dass bei der reinen Konformationszucht die Gesundheit oft vernachlässigt wird. Wenige Rüden zeugen sehr viele Nachkommen, der Genpool wird immer enger – und das führt zu einer Häufung genetisch bedingter Erkrankungen. Wir schlittern damit unweigerlich in Richtung Qualzucht. Es gibt Rassen, bei denen man ernsthaft überlegen muss, die Zucht einzustellen. Auf der anderen Seite gibt es das sogenannte F1-Phänomen: Wenn man zwei lange getrennte Zuchtlinien kreuzt – etwa Labrador und Pudel – bekommt man in der ersten Generation oft robustere, gesündere Tiere mit intermediären Eigenschaften. Der Labradoodle ist populär geworden, weil er nicht ganz so begeisterungsfähig-nervig wie ein Labrador ist und gleichzeitig das wenig allergene Fell des Pudels hat. Das hat durchaus seine Berechtigung. Aber man darf dann nicht weiterzüchten. Bereits in der zweiten Generation fallen die Eigenschaften auseinander – sowohl was das Wesen als auch was die Robustheit betrifft. Wer solche Designerhunde möchte, muss immer wieder aus den Ursprungslinien kreuzen, ähnlich wie Hybridhühner in der Landwirtschaft. Was wirklich entscheidend ist: Man sollte einen Hund nicht allein aufgrund seines Aussehens wählen. Wer sich in einen Husky verliebt, sollte kurz das Hirn einschalten und fragen: Will ich das wirklich? Komme ich damit zurecht? Und auch der Hund aus dem Tierheim ist eine gute Option – dort sollte man auf die Kompetenz der Vermittler hören. Unsere Erfahrung aus 35 Jahren im Eurasier-Club: Interessenten kommen und sagen, für sie komme nur ein rotfalber Hund in Frage. Wir haben immer gesagt: Farbe ist eigentlich egal. Sehr oft landen dann schwarze oder blonde Hunde bei diesen Menschen – und nach einer Woche haben sie vergessen, welche Farbe ihr Hund hat.

Interview mit Kurt Kotrschal

4.

MISCHLINGE – WAS IN IHNEN STECKT

Was Retriever, Jack Russell, Schäferhund & Co. gemeinsam haben – und was sie mit deinem Mischling zu tun haben könnten

Schau dich um. Im Park, auf dem Feldweg, in der Innenstadt, vor dem Supermarkt. Die Hunde, die du siehst, sind mehrheitlich keine Rassehunde. Es sind Mischlinge – in allen erdenklichen Formen, Farben und Größen. Manche tragen das lockige Fell eines Pudels und die wachen Augen eines Schäferhunds. Manche haben die gedrungene Statur eines Labradors und die Ohren eines Beagles. Manche sehen aus wie etwas, das die Natur ganz für sich selbst erfunden hat, ohne Vorlage und ohne Plan. Und genau das macht sie so faszinierend.
Mischlinge sind weltweit in der Mehrheit. Mehr als 80 Prozent der rund einer Milliarde Hunde auf diesem Planeten sind keine reinrassigen Tiere mit Stammbaum und Zuchtbuch, sondern Kreuzungen – manche geplant, manche zufällig, viele mit einer Geschichte, die sich nicht mehr vollständig rekonstruieren lässt. Auch in Deutschland, Österreich und der Schweiz stellen Mischlinge den größten Teil der Hundepopulation. Das Tierregister TASSO, das in Deutschland über zehn Millionen Haustiere erfasst, bestätigt: Mischlinge sind die am weitesten verbreitete „Rasseart" überhaupt. Und wer in einem Tierheim nach einem Hund sucht, trifft dort auf überproportional viele von ihnen – ob aus deutschen Zuchten, aus Urlaubsländern wie Spanien oder Griechenland, oder aus Tierheimen in Rumänien und der Türkei, aus denen jährlich Tausende Hunde zu uns kommen.
Das hat einen einfachen Grund: Mischlinge entstehen überall dort, wo Hunde frei aufeinandertreffen – auf Bauernhöfen, auf der Straße, in Regionen, in denen die Haltung von Haustieren anders organisiert ist als bei uns. Und sie entstehen auch ganz bewusst, wenn Menschen erkennen, dass eine Kreuzung zweier Rassen womöglich das Beste aus beiden Welten vereinen kann – oder einfach, weil die Chemie zwischen zwei Hunden stärker war als das Sicherungsnetz.

Was steckt wirklich drin?

Diese Frage ist nicht nur eine des Herzens, sondern auch eine der Wissenschaft. Genanalyseunternehmen haben inzwischen Millionen von Hunden untersucht und können zeigen, welche Rassen in Mischlingshunden weltweit am häufigsten auftauchen. Die Ergebnisse überraschen manchmal, manchmal bestätigen sie, was man schon ahnte.
Für den deutschsprachigen Raum liefern Auswertungen von TASSO, dem österreichischen Anbieter Feragen und verschiedene Marktforschungsdaten ein ziemlich konsistentes Bild: Am häufigsten findet man in Mischlingshunden Anteile von Labrador Retriever und Deutschem Schäferhund – die beiden beliebtesten Rassen der vergangenen Jahrzehnte hinterlassen erwartungsgemäß ihre genetischen Spuren. Dahinter folgen Chihuahua, Jack Russell Terrier und Yorkshire Terrier – allesamt Rassen, die in sehr großen Stückzahlen gehalten wurden und werden. Golden Retriever, Australian Shepherd, Dackel, Pudel und Rottweiler ergänzen die Liste der häufig beteiligten Rassen. Border Collie, Siberian Husky, Malteser, Boxer und Beagle tauchen ebenfalls regelmäßig auf – entweder als erkennbare Komponente im Erscheinungsbild oder als genetischer Einfluss, der sich im Verhalten zeigt.
Das bedeutet: Wenn du einen Mischling vor dir hast, ist die Wahrscheinlichkeit hoch, dass irgendwo in seiner Geschichte einer dieser Namen eine Rolle spielt. Ob du ihn erkennst oder nicht, ist eine andere Frage. Das Erscheinungsbild ist oft das Unzuverlässigste an einem Mischling – ein Hund mit Border-Collie-Augen kann zu einem Viertel Rottweiler sein, und ein Tier, das wie ein Labrador aussieht, trägt vielleicht mehr Schäferhund in sich, als man vermutet.
Für zwei der Hunde in diesem Kapitel gibt es eine verlässlichere Antwort: Carlotta und Pino – beide aus Italien, beide von Alexander.

Kleiner Körper, großes Herz und je nach Charakter ein sehr großes Ego – und das ganz unabhängig von Rassezugehörigkeiten!

Beide wurden einem DNA-Test unterzogen. Wer wissen möchte, was die Analyse ergeben hat, findet die ausführlicheren Befunde über den QR-Code bei den jeweiligen Portraits.

Mischlingsvitalität – mehr als ein Mythos

Es gibt einen Begriff, der in der Hundewelt manchmal leichtfertig verwendet wird und manchmal mit echter Überzeugung: Mischlingsvitalität. Die Idee dahinter ist, dass Kreuzungen gesünder, robuster und langlebiger sind als Reinrassige – und diese Idee ist wissenschaftlich nicht unbegründet.
Der Fachbegriff dafür heißt Heterosiseffekt. Vereinfacht gesagt profitiert ein Tier davon, wenn es von zwei genetisch unterschiedlichen Elternteilen abstammt: Die Wahrscheinlichkeit, dass es zwei fehlerhafte Genkopien derselben Stelle erbt – was viele rassetypische Erkrankungen verursacht –, sinkt erheblich. Reinrassige Hunde tragen dagegen oft über viele Generationen hinweg dieselben genetischen Engpässe, weil der Genpool durch die Zucht auf bestimmte Merkmale immer enger wird. Hüftdysplasie beim Deutschen Schäferhund, Herzprobleme beim Cavalier King Charles Spaniel, Atemprobleme bei Mops und Bulldogge – das sind keine Zufälle, sondern die Kehrseite einer Zucht, die über Jahrzehnte auf Aussehen und Typ statt auf Gesundheit optimiert hat. Mischlinge sind davon nicht vollständig ausgenommen. Auch sie können Erbkrankheiten tragen, auch bei ihnen können sich rassetypische Schwächen der beteiligten Rassen zeigen – das bestätigen einige der Halterinnen und Halter in diesem Kapitel. Changa, der Chinese-Crested-Border-Collie-Labrador-Mix,

hat Herzklappenbefunde, die bei seinen Ausgangsrassen bekannt sind. Pino, der 16-jährige Shih-Tzu-Jack-Russell-Mix, kämpft im Alter mit einer ganzen Reihe von Beschwerden. Und Lana, die Dreifach-Mischung aus Border Collie, Labrador und Kangal, leidet unter Allergien, die die Futterauswahl erheblich einschränken. Aber die Tendenz ist klar: Unter den zwölf Hunden, die wir hier vorstellen, berichten die meisten auf die Frage nach rassetypischen Erkrankungen schlicht: „Nein, bisher nicht." Das ist kein Beweis, aber es ist auch kein Zufall.

Was Rasse und Gene verraten – und was nicht

Die Rasse eines Hundes erklärt laut aktueller Forschung gerade einmal neun Prozent seiner Verhaltensunterschiede gegenüber anderen Hunden. Was ein Hund ist, wie er tickt, womit er sich schwertut – das hat zu 91 Prozent mit anderen Faktoren zu tun (mehr dazu in Kapitel 7). Bestimmte Veranlagungen haben durchaus eine genetische Grundlage, die sich auch in Mischlingen zeigen kann. Aber sie treten bei weitem nicht zwingend auf, und ein Mischling mit Labrador-Anteil muss deshalb kein begeisterter Apportierer sein – wie Jakob beweist, der trotz 75 Prozent Beagle-Anteil im DNA-Test zwar ein leidenschaftlicher Spurensucher, aber alles andere als ein folgsamer Apporteur ist.
Was viel stärker prägt als der Stammbaum, sind die frühen Erfahrungen: die ersten Lebenswochen, die Qualität der Sozialisation, die Bindung, die ein junger Hund aufbauen durfte – oder nicht. Ein Welpe, der ängstlich und unbehandelt in einer Ecke kauerte, als Klara ihn abholte – das ist Lana, die heute eine zuverlässige Rettungshündin ist. Eine Hündin, die mehrfach die Familie gewechselt hatte und als schwierig galt – das ist Stella, die heute als Seelenhündin ihrer Familie gilt und das Kleinkind im Haus beschützt wie eine kleine Herde. Geschichten wie diese zeigen: Was in einem Hund steckt, lässt sich bei der Adoption nicht vollständig wissen. Es entfaltet sich im Leben, das man gemeinsam führt.

Wer könnte besser erzählen als die, die täglich damit leben?

Wenn man verstehen möchte, was einen Mischling ausmacht, sollte man nicht nur Genetiker befragen. Man sollte Menschen fragen, die jeden Morgen mit diesen Hunden aufstehen, die ihre Marotten kennen, die gelernt haben, welche Eigenschaften sich durchgesetzt haben und welche überraschend verschwunden sind.
Genau das findest du hier. Neun Halterinnen und Halter stellen ihre Hunde vor – entstanden sind zehn sehr unterschiedliche Portraits, die zeigen, wie bunt das Universum der Mischlinge tatsächlich ist.
Da sind die alten Herren: zwei Rüden, beide mit einem langen, erfüllten Hundeleben hinter sich – einer mit klarer Beagle-Prägung, der andere eindeutig vom Jack Russell dominiert. Beide in ihrer Dickköpfigkeit, ihrer Energie und ihrer Eigenständigkeit ganz die weitergegebenen Charaktere ihrer Väterrassen. Und beide lebender Beweis dafür, dass Mischlinge alt werden können.
Dann gibt es die Hunde, bei denen die Rassenmischung sich auf verblüffende Weise aufteilt: auf der einen Seite das Aussehen, auf der anderen der Charakter. Der Körper des einen, die Seele des anderen. Eine Schäferhund-Labrador-Mischung, die außen nach Labrador aussieht und innen deutlich wie Schäferhund tickt. Eine Hovawart-Berner-Mischung, die das Wesen des einen und das Fell des anderen mitbekommen hat – und beide Seiten je nach Situation abruft.
Und dann gibt es die echten Überraschungspakete: die Mehrfachmischung, bei der keiner

der Anteile klar dominiert und das Ergebnis trotzdem stimmig ist. Den Hund, bei dem die Halterin nach vier Jahren noch immer keine rassetypischen Merkmale benennen kann – und das als Freiheit erlebt, nicht als Mangel. Den kleinen Rüden, in dem vor allem eine Sache durchgekommen ist: die unerschütterliche Überzeugung, der Größte im Raum zu sein. Für zwei der Hunde in diesem Kapitel – Carlotta und Pino A., beide aus Süditalien – gibt es eine verlässlichere Antwort auf die Frage „Was steckt drin?“: ein DNA-Test, in den du einen Blick werfen kannst über den QR-Code bei den jeweiligen Portraits.

Muster erkennen und überraschende Erkenntnisse

Wer die zehn Portraits aufmerksam liest, wird einige Muster entdecken – und auch einige Überraschungen. Manche Rassen zeigen sich deutlicher im Mix: Jack Russell und Border Collie tauchen als Charaktergeber auf – eigensinnig, selbstbestimmt, mit klarem Kopf und klarem Willen. Labrador und Schäferhund geben Verlässlichkeit und Bindungsbereitschaft. Und dann gibt es Hunde, bei denen man gar keine Rasse benennen kann, die sich durchgesetzt hat – und bei denen das offensichtlich kein Makel ist, sondern eine Art Freiheit. Auffällig ist außerdem, wie viele dieser Hunde in sinnvolle Aufgaben eingebunden sind oder waren: Lana rettet Menschen, Jakob hilft in der Hundeschule, Murphy begleitet ein soziales Ehrenamt, Pino hat Agility-Turniere bestritten. Mischlinge – und das gilt ebenso für Rassehunde – brauchen Aufgaben. Sie brauchen das Gefühl, gebraucht zu werden, Teil von etwas zu sein. Nicht spektakuläre Karrieren im Hundesport, aber Sinn. Die Halterinnen und Halter der hier portraitierten Mischlinge haben das, bewusst oder intuitiv, verstanden. Was sich außerdem zeigt: Fast alle Hunde hier sind Zufälle. Keiner hat gesagt, ich wollte genau diese Kreuzung und habe sie gezielt gesucht. Es war der freche Blick auf einem Foto. Es war ein Inserat. Es war ein Tierschutztransport. Es war die Bitte, einen Hund zu übernehmen, der mehrfach die Familie gewechselt hatte. Der Mischling kommt selten durch die Vordertür des bewussten Entschlusses. Er kommt meist durch die Hintertür des Lebens – und bleibt dann für immer.

Wie du die Portraits lesen kannst

Die zehn Hunde, die du auf den folgenden Seiten kennenlernen wirst, sind sehr unterschiedlich. Manche kommen aus dem Tierschutz, manche von privaten Zufallswürfen, manche aus organisierten Auslandsvermittlungen. Manche sind jung, manche sind 16 Jahre alt und haben ein ganzes Hundeleben hinter sich. Manche haben rassetypische Erkrankungen gezeigt, die meisten nicht. Manche treiben Hundesport, manche liegen lieber auf dem Sofa.

Ob Rasse oder nicht: Begeisterung richtet sich nicht nach Ahnentafel!

Aber sie alle haben eins gemeinsam: Sie zeigen, dass ein Mischling kein Kompromiss ist. Er ist ein Individuum – mit einer Geschichte, mit Stärken und Marotten, mit Eigenheiten, die sich kein Rassestandard der Welt hätte ausdenken können. Und mit Menschen, die sich auf ihn eingelassen haben, die gelernt haben, was er braucht und was er gibt. Wer einen Mischling in sein Leben lässt, bekommt keine Vorhersage. Er bekommt eine Überraschung – und meistens eine gute.

Noch mehr zu Mischlingen und vor allem auch Tierschutzhunden erfährst du von **Dr. Karin Dohrmann**, die Auskunft gibt zu Tierschutzhunden aus Süd- und Südosteuropa.

Tierschutzhunde aus Südosteuropa

1. CARLOTTA

Jahrgang 2017 | Perdigueiro x Jack Russel x Mischling

Alexander holte Carlotta aus Caserta, Region Kampanien. Die Rasse war ihm dabei egal – er wollte einen Hund aus dem Tierschutz. Dass es Carlotta wurde, war Zufall. Was in ihr steckt, hat ein DNA-Test von vetevo ergeben, der etwas ausführlicher hinter dem QR-Code bei diesem Portrait zu finden ist.

Eigenständig, dominant, präzise

Carlotta ist schlau. Dominant. Und in ihrer Eigenständigkeit so konsequent, dass Alexander sie kurzerhand als „rationell" beschreibt – mit einem Lächeln dahinter, das man sich hinzudenken darf. Den Jack-Russell-Anteil glaubt er klar zu erkennen: „Jack Russell Terrier – in der Härte und Dominanz." Ihre Standards im Alltag kennt sie genau und fordert sie ebenso konsequent ein. Was anstrengend ist an ihr, was liebenswert? Alexander sagt: „Alle Eigenschaften sind liebenswert und manchmal auch anstrengend." Treffender lässt sich Carlotta kaum beschreiben.

Hauptsache draußen

Gesundheitliche Probleme hat Carlotta bisher keine. Ihr gemeinsames Hobby ist die Natur: viel Bewegung, Schnüffelspiele, alle Möglichkeiten, die ein Waldspaziergang bietet. Strukturen braucht sie nicht. Sie braucht Raum – und jemanden, der mithält.

DNA-Test Carlotta

2. CHANGA

Jahrgang 2018 | Chinese Crested x Border Collie x Labrador

Anna ist die dritte Besitzerin, die Changa ein Zuhause gibt. Aus privater Hand kam er zu ihr – kein Tierschutz, keine Organisation, sondern der direkte Weg von Mensch zu Mensch. Bewusst entschieden hatte sie sich für diese Mischung nicht. Changas Mutter hatte bereits einen DNA-Test machen lassen, und so weiß Anna, was in ihm steckt: Chinese Crested, Border Collie, Labrador. Eine Kombination, die man sich kaum ausdenken könnte.

Die Katze unter den Hunden

Changa hat einen eigenen Kopf. Das ist das Erste, was Anna über ihn sagt – und vermutlich das Erste, was jedem auffällt, der ihn kennenlernt. Sensibel, klug, und eigenständig auf eine Art, die wenig mit dem zu tun hat, was man sich unter einem typischen Hund vorstellt. „Man sagt, Chinese Cresteds sind die Katzen unter den Hunden – und das trifft es gut.“ Er beendet Trainingseinheiten, wenn er keine Lust mehr hat. Er fiepst, bis man ihn berührt – eine leichte Berührung reicht, dann ist er ruhig. Und bevor er das Haus verlässt, dreht er sich in den Vorhang ein, bis dieser seinen Kopf bedeckt. Warum? Das bleibt sein Geheimnis. Was er liebt: betüdelt werden, unter der Bettdecke kuscheln, nah am Menschen sein.

Gesundheit und gemeinsame Zeit

Changa hat eine Trikuspidal- und eine Mitralklappeninsuffizienz – Herzklappenbefunde, die bei Labrador und Chinese Crested vorkommen können. Gemeinsame Hobbys im organisierten Sinne gibt es bei den beiden nicht. Anna hat vieles ausprobiert – Canicross, Gehorsamkeitstraining. Aber das Glück liegt woanders: „Ich habe das Gefühl, am glücklichsten ist er, wenn er einfach mit mir an meiner Seite leben kann und wir ganz locker das machen, worauf wir Lust haben.“ Und so machen sie das.

3. FRIEDA

Jahrgang 2021 | Australian Shepherd x Altdeutscher Schäferhund

S. hat sich bewusst für diese Mischung entschieden – kein Zufall, kein Impuls, sondern eine überlegte Wahl. Frieda kam aus der Nähe von Münster. Ihr Vater ist ein Australian Shepherd in der Farbe Red Tri, ihre Mutter eine Altdeutsche Schäferhündin – mit möglicherweise einem Anteil Chodský Pes, dem böhmischen Schäferhund, was allerdings nicht gesichert ist. Einen DNA-Test hat S. noch nicht machen lassen, würde es aber

gern – schon allein, um der Frage nachzugehen, ob der Böhme tatsächlich mit dabei ist.

Ordnungsamt auf vier Pfoten

Frieda ist aufmerksam, temperamentvoll, arbeitswillig und klug. Lernbereit, zugewandt, loyal und sensibel – eine Kombination, die keinen ruhigen Moment verspricht, aber einen lebendigen. Beide Rassen sind in ihr erkennbar, äußerlich wie charakterlich. Den Australian Shepherd sieht S. in der Energie und dem Arbeitswillen, den Schäferhund im Wachdienst: „Vom Schäferhund hat sie das Ordnungsamtsverhalten", sagt S. mit einem Augenzwinkern. Frieda hat Will-to-please und viel Empathie – aber sie ist nicht unterwürfig. Sie hat eigene Ideen, und das, findet S., macht sie interessant. Zu Hause kann sie sehr sanft sein. Draußen, mit Hundefreunden oder bei starken Bewegungsreizen, dreht sie gelegentlich auf – Hütetrieb inklusive. Das passiert nicht mehr sehr häufig, aber es erfordert Erfahrung. Leichtführig ist sie – für jemanden, der diese Rassen kennt. Ihre seltsamste Marotte: Wenn S. niest, echauffiert sich Frieda ernsthaft darüber. Das hat sie schon als Welpe getan.

Mantrailing, Hoopers und ein Plan für den Frühling

Gesundheitliche Probleme hat Frieda bisher keine. Gemeinsam haben die beiden bereits Hoopers ausprobiert und lieben Mantrailing. Im Frühling soll Agility dazukommen – bewusst ohne Tempo. Den Gedanken, Frieda zur Schulhündin ausbilden zu lassen, hat S. nach reiflicher Überlegung zurückgestellt: Die Rahmenbedingungen passten nicht, und der Einsatz im Schuleingang mit lauten, wuseligen Kindern schien ihr für Friedas Alter noch zu viel. Eine ehrliche Einschätzung – und eine, die zeigt, dass man manchmal auch Nein sagen muss, wenn man es gut mit seinem Hund meint.

4. JAKOB

Jahrgang 2010 | Beagle x Pudel (DNA-Test: 75 % Beagle, 25 % Pudel)

Jakob kommt aus dem spanischen Tierschutz, genauer aus Alicante. Nina wollte als Erst-Hundehalterin etwas Kleines – und Jakob fiel ihr auf. „Mir gefielen seine Erscheinung und sein frecher Blick", sagt sie. Dass er ein Beagle-Pudel-Mix ist, bestätigte später ein DNA-Test: 75 Prozent Beagle, 25 Prozent Pudel.

Ein Pragmatiker auf vier Pfoten

Jakob ist ein Jagdhund durch und durch – im besten Sinne. Immer auf der Fährte, immer neugierig, immer in Bewegung, wenn es etwas zu erschnüffeln gibt. Klettern, erkunden, in Röhren hineinschauen: Kein Terrain ist ihm fremd. Gleichzeitig einer der entspanntesten Hunde, die man sich vorstellen kann. Er kommt überall zur Ruhe, solange Nina dabei ist. Frust kennt er kaum, und seine Körpersprache ist so fein, dass selbst ängstliche Hunde sich in seiner Nähe schnell entspannen. „Überall zur Ruhe kommen zu können, egal wie turbulent es ist – diese Eigenschaft bewundere ich am meisten an ihm", sagt Nina. Vom Beagle hat er die Farben und das Bellheulen, vom Pudel die schnelle Auffassungsgabe. Wenn er schlafen möchte und gerufen wird, reagiert er schlicht nicht. Das ist seine Marotte.

16 Jahre und immer noch dabei

Rassetypische Erkrankungen? Keine. Nur die Zahnprobleme kleiner Hunde, die ihn bereits einige Zähne gekostet haben. In jungen Jahren machten die beiden Agility, wanderten, fuhren Boot. Heute genießen sie ruhigere Spaziergänge – und Jakob begleitet Nina in ihre eigene Hundeschule, wo er auch schwierigen Hunden einfach durch seine Ruhe hilft.

5. LANA

Jahrgang 2018 | Border Collie x Labrador x Kangal

Klara war 14, als ihre Mutter das Inserat auf Facebook entdeckte. Eigentlich wollte sie einen Hund aus dem Tierheim – das hatte sich nicht ergeben. Lana kam aus Niederösterreich, war zwei Stunden entfernt, und Klara hatte sie vor der Abholung noch nie gesehen. Was sie antraf: einen Welpen, der sich voller Angst in der Ecke verkrochen hatte, unbehandelt, unentwurmt. Der erste Morgen brachte einen Schock. Aber er brachte auch den Beginn einer außergewöhnlichen Geschichte.

Eigensinnig, verlässlich, unbelehrbar

Lana ist heute eine eigenständige, dickköpfige, liebevolle Hündin – eine, die genau weiß, wie weit sie gehen kann, und die diese Grenze regelmäßig auslotet. Weder typischer Border Collie noch typischer Labrador noch typischer Kangal: Sie hat von allem etwas. Den Willen zur Arbeit, wenn es darauf ankommt. Die Sturheit zu Hause, wenn es ihr passt. Klara beschreibt es so: „Lana ist in mancher Hinsicht unbelehrbar."

Das territoriale Verhalten zeigt sich besonders am Zaun. Fremden gegenüber ist sie skeptisch – außer bei der Arbeit, wo neue Menschen sie schlicht nicht interessieren. Kinder hingegen liebt sie. Bei ihnen ist sie geduldig, sanft, zuverlässig. Ihre Marotte: Sie trinkt ausschließlich aus dem Bidet.

Rettungshund und Pflegebegleiterin

Allergien schränken Lanas Ernährung erheblich ein – nur bestimmte Proteine verträgt sie. Gesund ist sie trotzdem. Seit 2019 sind Klara und Lana Mitglieder der Österreichischen Rettungshundebrigade, Landesgruppe Burgenland. Darüber hinaus besuchen sie gemeinsam Altenpflegeheime. Aus dem ängstlichen Welpen von damals ist ein Arbeitshund geworden, der täglich beweist, was in ihm steckt.

6. MATILDA

Jahrgang 2023 | Labrador x Deutscher Schäferhund

Alexandra wollte einen Familienhund – nicht zu groß, nicht zu klein, familientauglich. Welche Rassen dahinterstecken, war ihr nicht so wichtig. Eine Familie aus der Nachbarschaft hatte den Wurf, die Chemie stimmte, und Matilda zog ein.

Außen Labrador, innen Schäferhund

„Sie ist tatsächlich eine richtige Mischung!" – so beschreibt Alexandra ihre Hündin. Optisch ein sehr schlanker Labrador, die Ohren irgendwo zwischen stehend und hängend. Charakterlich zeigt sie beide Seiten, je nach Situation. Fremden gegenüber misstrauisch, lässt sich nur von wenigen Menschen streicheln, bewacht Haus und Garten. Das ist der

Lana

Schäferhund. Kommt aber Wasser ins Spiel, ist der Labrador sofort da. Beim Dummytraining auch. Ihrer Familie gegenüber ist sie anhänglich und fröhlich, immer bemüht, es richtig zu machen. Wenn sie etwas will, klappert sie mit den Zähnen. Und wenn jemand nach Hause kommt, läuft sie zuerst zum Wassernapf und nimmt einen Schluck. Warum, weiß niemand.

Dummytraining geht immer, Hauptsache gesund

Gesundheitliche Probleme gibt es bislang keine. Das gemeinsame Hobby ist Dummytraining – und dafür ist Matilda eindeutig zu haben.

7. MURPHY

Jahrgang 2021 | Labrador x Rottweiler

Nach drei Jahren ohne Hund merkten Angelika und ihre Familie, dass sie wieder Zeit für ein Tier hatten. Eine Bekannte hatte einen Zufallswurf: fünf Welpen, Mutter Labrador, Väter zwei Rottweiler aus dem Tierschutz – deren Chip hatte zu spät gewirkt. Die Mutter machte Rettungshundesport. „Ich fand das interessant. Wollte mit ihm das auch tun", sagt Angelika. Murphy zog ein.

Kein Rasseraster, kein Problem

Murphy ist schwer in eine Schublade zu stecken. Rassetypische Merkmale kann Angelika an ihm nicht erkennen – weder klar Labrador noch klar Rottweiler. Er ist unsicher bei unbekannten Menschen, erschrickt sich leicht, und bestimmte Reize können ihn aus dem Gleichgewicht bringen. Das verlangt Präsenz. Auf der anderen Seite: „Ich kann ihn überall mit hinnehmen. Er benimmt sich im Zug, im Café, in der Stadt oder im Tierpark. Das finde ich wunderbar an ihm." Murphy liebt Bälle und Äpfe l… Leider haben wir ihn unwissend ein wenig zum Balljunkie gemacht – aber man lernt ja immer dazu!

Im Ehrenamt dabei

Gesundheitliche Probleme hat Murphy bisher nicht. Er begleitet Angelika in die Wärmestube, wo er ruhig wartet und einfach da ist. Außerdem gehen die beiden in die Hundeschule und machen Suchspiele beim Gassi. Manchmal ist das genug.

8. PINO

Jahrgang 2009 | Shih Tzu X Jack Russell Terrier

Yvonne wollte eigentlich einen Sheltie. Dann sah sie die Anzeige – und war sofort verliebt. Pino kam aus Dithmarschen, von einem privaten Züchter. „Pino ist mein erster Hund, den ich mir von meinem ersten Gehalt einer Festanstellung gekauft hatte“, schreibt sie. Ihr erster eigener Hund.

Dickkopf mit Herz

In jungen Jahren war Pino ein Energiebündel. Heute ist er ruhig, gemütlich, immer dabei, wenn Besuch kommt. Neugierig, anhänglich – und er hat eine große Klappe: Fremde werden grundsätzlich erst mal angebellt. Dann entscheidet die Sympathie. Rüden beäugt er kritisch, Hündinnen mag er alle. Regen und Pfützen sind für ihn eine Zumutung – Pfützen werden entweder umgangen oder übersprungen. Seinen Jagdtrieb hat er nie verleugnet. Den Jack Russell erkennt Yvonne klar in ihm. Was sie an ihm liebt und was manchmal anstrengend ist, beantwortet sie in einem Satz: „Ich liebe seine Anhänglichkeit und seinen Dickkopf – aber sein Dickkopf kann auch anstrengend sein.“ Er legt sich nicht auf Böden, die ihm nicht passen.

16 Jahre und immer noch er selbst

Das Alter hat Pino nicht verschont: Aller-

gien, Arthrose in allen Gelenken, grauer Star, Taubheit, Demenz, Leberprobleme. Und trotzdem – Yvonne genießt jeden Tag mit ihm, ihre Zwillingsmädchen auch. In seinen aktiven Jahren haben die beiden Agility gemacht, Turniere bestritten, Senioren im Altersheim besucht, den Hundeführerschein absolviert. Ein erfülltes Hundeleben.

9. PINO A.

Jahrgang 2018 | Jack Russel x Podengo portugues x Mischlinge

Alexander holte Pino kurz bevor dieser ins Tierheim gekommen wäre – aus Corigliano Calabro in Kalabrien. Die Rasse war egal, der Zeitpunkt dringend. Was in ihm steckt, zeigt der vetevo-DNA-Test, der etwas ausführlicher hinter dem QR-Code bei diesem Portrait zu finden ist.

Der Größte im Raum
Pino ist aktiv, anhänglich – und hat eine Selbsteinschätzung, die mit seiner tatsächlichen Größe wenig zu tun hat. „Chihuahua in der Selbsteinschätzung der Größe", sagt Alexander trocken. Sehr liebevoll ist er, verspielt, immer in Bewegung, und am liebsten am Rockzipfel seines Menschen – was ihm kaum Ruhe lässt. Mit anderen Rüden zeigt er gelegentlich Konkurrenzverhalten, was im Alltag Aufmerksamkeit erfordert.

Unterwegs und gesund
Gesundheitliche Probleme hat Pino bisher keine. Die beiden sind viel unterwegs und machen, was Hunde und Menschen so eben gemeinsam machen – spielen, erkunden, zusammen sein. Manchmal ist das die schönste Beschreibung überhaupt.

DNA-Test Pino A.

10. STELLA

Jahrgang 2021 | Hovawart x Berner Sennenhund

Stephanie kaufte Stella über Kleinanzeigen – angeboten als reinrassige Bernerin. Dass das nicht stimmte, war auf den ersten Blick klar. Tierärztin und eine befreundete Züchterin bestätigten den Verdacht: Hovawart und Berner Sennenhund. Stella hatte da bereits mehrfach die Familie gewechselt, weil Menschen mit ihr überfordert waren. Bei Stephanie blieb sie.

Seelenhund mit Territorialanspruch
Vom Äußeren ist Stella eindeutig Berner – nur schlanker, mit der Gesichtsform des Hovawarts. Charakterlich, sagt Stephanie, ist

sie „zu 70 Prozent Hovawart“: Besuch wird grundsätzlich erst mal verbellt, sie ist territorial, beschützend, wacht über die Familie und besonders über die zweijährige Tochter. Hat sie aber Vertrauen gefasst, kommt der Berner durch. Dann wirft sie sich jedem vor die Füße, liebt es, am Bauch gekrault zu werden – und verhält sich trotz ihrer 40 Kilo wie ein Schoßhund. „Sie ist ein absoluter Seelenhund, spürt unsere Emotionen“, sagt Stephanie. Nachts schläft Stella zu Füßen im Bett und macht sich so breit, dass für die Menschen irgendwann kaum noch Platz ist. Wenn sie ein Leckerli möchte, setzt sie sich in die Küche.

Schnüffeln statt Seniorenheim

Gesundheitlich ist Stella bisher unauffällig. Gemeinsam machen die beiden lange Schnüffelspaziergänge und Suchspiele zu Hause. Für Besuche im Kindergarten oder Altenheim ist Stella zu temperamentvoll. „Für den Kindergarten oder das Altenheim ist sie einfach zu wild“, sagt Stephanie – und akzeptiert das.

5.

HUNDETYPEN ENTDECKEN – FINDE DEIN MATCH!

Typ, Temperament und Aktivitätsprofil – genau das, was du suchst

Mischlinge sind klasse, keine Frage, und doch sind sie Ergebnis verschiedener Rassekreuzungen. Darum findest du hier in 7 Abschnitten Rasseportraits, die spezifisch gruppiert sind: nach ihrer Arbeitsleidenschaft, ihrer (ursprünglichen) Aufgabe und ihrer Herkunft. Mit Expertenstimmen und Charakteranalysen bis unter das Fell. So bekommst du Einblick, was in den verschiedenen Rassen steckt und welcher Typ wirklich zu dir passt – und warum das manchmal vielleicht eine andere Antwort ist, als du erwartet hättest.

5.1 HÜTE- & TREIBHUNDE – DIE ARBEITSTALENTE

Feinfühlig, aufmerksam, schnell im Kopf

Smarte Teamplayer mit vollem Akku – für Menschen, die gern gemeinsam wachsen.

Hütehunde denken nicht nur mit – sie denken manchmal einen Schritt voraus. Was auf der Farm ein Segen war, kann im Alltag eine echte Herausforderung werden: Diese Hunde brauchen einen Menschen, der ihnen etwas zu tun gibt, und zwar täglich. Wer das bietet, bekommt einen Partner, der lernt, antizipiert und mitgeht – mit Kopf und Herz. Wer es nicht bietet, darf sich nicht wundern, wenn der Hund sich selbst eine Aufgabe sucht. Und die ist selten das, was du dir vorgestellt hast.

Eva Holderegger Walser hält und züchtet ACDs und sagt:

„Verliebt in eine anspruchsvolle Hunderasse“

Zum Cattle Dog bin ich wie die Jungfrau zum Kind gekommen. Als ich vor 30 Jahren wieder einen Hund wollte, suchte per Zufall eine Freundin einer Freundin einen neuen Platz für einen jungen ACD-Rüden. Damals gab es weder Internet noch deutsche Literatur über diese seltene Rasse, also keine Chance, mich vorgängig zu informieren.
Und dann kam dieser junge Hund „Dingo“ zu uns. Dingo war in jeder Hinsicht extrem: extrem intelligent, extrem ausdrucksstark, extrem lieb, aber auch extrem anstrengend.
Dingo war daheim ein überaus angenehmer Hund: witzig, clever und sehr anhänglich. Am liebsten war er immer und überall mit dabei. Es war eine gegenseitige Liebe auf den ersten Blick.
Ganz anders sah es allerdings draußen aus. Es folgten sehr anstrengende Jahre. Für diese Hunde braucht es eine klare Körpersprache, eindeutige Regeln und vorausschauendes Management. Das Zauberwort heißt hier „Konsequenz“ – liebevoll, aber nachdrücklich.
Unser pubertierender Dingo war stark territorial, er mochte absolut keine fremden Menschen, auch keine Kinder, mit Katzen und großen Rüden hatte er ein Problem. Er scheute sich auch nicht, seine Zähne einzusetzen, und er war ein aggressiver Leinenpöbler. Übrigens sind das die klassischen Abgabegründe für junge ACD-Rüden.

Einst ein harter Arbeiter im australischen Outback

Der Name sagt es bereits: Australian Cattle Dog, ein Rinderhund aus Australien.

5

Hundetypen entdecken – Finde dein Match!

Eva Holderegger Walser lebt in der Schweiz und hält seit 30 Jahren Australian Cattle Dogs. Sie hat das erste deutschsprachige Rassebuch über diese Rasse verfasst und ist Mitautorin eines wissenschaftlich fundierten Welpentest-Buchs nach der Methode von Pat Hastings.

Die Rasse wurde spezifisch zum Treiben und Bewachen von Rinderherden gezüchtet. Diese Arbeit verlangte Mut, Härte und Durchsetzungsvermögen. Wenn ein Tier ausschlägt, darf der Hund nicht einfach aufgeben – er muss weiterarbeiten.
Die Genetik ist erstaunlicherweise in vielen Hunden immer noch vorhanden. Sie sind intelligent, lernwillig und möchten gerne beschäftigt werden. Und genau diese Eigenschaften können noch heute in diesen Hunden stecken, auch wenn wir sie längst nicht mehr dafür einsetzen. In Australien wird der ACD oft als Heeler (heel=Ferse/Hacke) bezeichnet. Genau wie der Appenzeller Sennenhund ist auch der Cattle Dog ein Fersenbeisser. Er treibt störrische Rinder, indem er von hinten in die Ferse (oder besser in den Hintermittelfuss) oder vorne in die Nase zwickt. Allerdings sollte er dabei nicht zu fest beißen – er soll erschrecken, nicht verletzen. Dies ist der Grund, warum die meisten ACD keinen satten Griff im Schutzdiensthaben. Der ACD braucht zur Arbeit auch ein gewisses Aggressionspotential. Wenn ein Rindvieh schlägt und den Hund trifft, darf der Cattle Dog nicht weglaufen. Er steht auf, schüttelt sich und greift nochmals an! Das verlangt Mut, Härte und Durchsetzungsvermögen. Und diese Eigenschaften können noch heute in diesen Hunden stecken, auch wenn wir sie schon lange nicht mehr zum Kuh-Treiben brauchen

Die Alternativen zum Hüten

Die wenigsten Hundebesitzer haben die Möglichkeit, ihren Hund mit Hüten auszulasten, also sind Alternativen gefragt. Der ACD ist ein Hund, der sich schnell an seinen Menschen bindet und einen hohen Will-to-please besitzt. Mit einem positiv gestalteten und abwechslungsreichen Training lernen die Hunde sehr schnell.
Das Training macht Spaß und ist gleichzeitig anspruchsvoll, weil man immer aufpassen muss, den Hund zu fördern, aber nicht zu überfordern. Stupide Wiederholungen mag der Cattledog nicht und er zeigt auch gerne eigene Ideen bei der Ausführung.

Welche sportlichen Beschäftigungen entsprechen der Rasse

Obwohl der Cattle Dog für Bewegungsreize sehr empfänglich ist, hat er in der Regel eine hervorragende Nase. Nasenarbeit ist für die Hunde sehr befriedigend und lässt sich bestens in den Alltag integrieren. Es gibt unzählige Möglichkeiten eine Hüte-Hund sportlich auszubilden, sei es z.B. als Mantrailer, Pettrailer, Stöberhund, Suchhund, Sanitätshund oder Sportfährten-Hund.

Entscheidend ist jedoch, die Hunde nicht dauerhaft in zu hohe Erregung zu bringen. Wenn sie „im roten Bereich" sind, lernen sie nichts mehr. Beim Cattle Dog kann das z.B. bei Agility oder auch Wasserarbeit sein. Gerade für diese Rasse ist auch „zur Ruhe kommen" eine wichtige Trainingseinheit. Hütehunde haben oft das Gefühl, sie müssen dauernd im Einsatz sein. Ein ruhiger Rückzugsort, wo sie abschalten können, ist sehr wichtig.

Freundlichkeit will gelernt sein

In unserer heutigen Welt müssen Hunde sehr anpassungsfähig sein. Sie sollen freundlich zu Menschen und anderen Tieren sein. Gerade bei dieser Rasse ist es wichtig, sich einen Züchter zu suchen, der viel Wert auf Sozialisation legt. Das Management, wie sich der Hund anderen gegenüber verhält, kann anspruchsvoll sein. Die neuen Besitzer müssen diese Ausbildung weiterführen und gezielt Freundlichkeit im Umgang mit Menschen und sicheren Hunden trainieren. Cattle Dogs sind territorial – Haus, Auto oder Umfeld werden als Aufgabe verstanden. Darum sollten die Hunde lernen, wie und wann dieses Verhalten angemessen ist.

Gute Kommunikation ist (fast) die ganze Miete

Diese Rasse ist sehr intelligent und kann schon im Welpenalter selbstständig Lösungswege finden. Es ist erstaunlich, wie genau Hunde beobachten und eigenständig handeln können. Darum ist es wichtig, dass sie von Anfang an klare Grenzen und Regeln kennenlernen, die konsequent eingehalten werden.
Der Cattle Dog ist sehr klar in der Kommunikation, ausdrucksstark und eng an seinen Menschen gebunden. Sie sind oft „Schattenhunde" und folgen ihrem Menschen überall hin. Längeres Alleinsein ist für viele dieser Hunde schwierig. Wer konsequent ist, klar kommuniziert und den Hund gut führt, hat einen außergewöhnlichen Begleiter. So anspruchsvoll diese Rasse sein kann – sie hat definitiv ein großes Potenzial und eine besondere Bindung zum Menschen.

Interview mit Eva Holderegger Walser

AUSTRALIAN CATTLE DOG

Vom Outback aufs Sofa – aber nur mit einem Deal: Du gibst ihm eine Aufgabe, er gibt dir alles.

Geradeaus, immer – was dieser Hund liebt

Der Australian Cattle Dog hat eine Lebensphilosophie: Der Weg von A nach B ist eine Gerade. Hindernisse sind Detailprobleme. Diese Haltung stammt direkt aus seiner Arbeitsvergangenheit – halbwilde Rinder durch australisches Outback zu treiben, erforderte Entscheidungsfreude, körperliche Robustheit und den Willen, auch widerspenstigem Großvieh die eigene Meinung mitzuteilen. Das alles steckt noch heute in jeder Faser dieser Rasse. Was er liebt: arbeiten. Nicht als Hobby, sondern als Grundbedürfnis. In seiner australischen Heimat treibt er weiterhin Rinder auf Ranches und Bullen in Rodeo-Shows in den

Mini-Steckbrief

FCI-Gruppe: 1;
Ursprungsland: Australien;
Schulterhöhe: Rüden 46–51 cm, Hündinnen 43–48 cm;
Gewicht: ca. 15–22 kg,
Alter: 12–15 Jahre

Pferch. Außerhalb davon hat er sich als vielseitiger Arbeitspartner etabliert – als Spürhund, Such- und Rettungshund, Wasserrettungshund, Therapiehund und Archäologie-Suchhund, der auf riesigen Flächen stundenlang hochkonzentriert nach menschlichen Überresten sucht. Diese Einsätze dauern bis zu drei Stunden – kein Problem, wenn der Hund richtig ausgelastet und trainiert ist. Sport liegt ihm breit: Agility, Flyball, Dogfrisbee, Treibball, Mantrailing, Fährtenarbeit, Obedience, Rally Obedience, Canicross, Bikejöring, Herding, Dog-Scootering, Wasserarbeit. Die Frage ist weniger, was er kann, als was ihn wirklich ausfüllt – das muss jeder Halter individuell herausfinden, denn ACDs haben unterschiedliche Stärken und Vorlieben. Was sie alle eint: Ohne echte Aufgabe werden sie kreativ. Und kreativ bedeutet beim ACD selten das, was du dir vorstellst.

Workaholic, Pfadfinder, Clown – Charakter

Der ACD wird manchmal mit drei Persönlichkeiten beschrieben: dem Workaholic, der eine Aufgabe mit voller Konsequenz erledigt; dem neugierigen Pfadfinder, der die Welt erkunden will; und dem Unruhestifter, der erscheint, wenn die Situation es zulässt. Das klingt komplizierter als es ist – es bedeutet: Dieser Hund ist lebendig, präsent und niemals gleichgültig. Er ist führerweich gegenüber seinem Menschen – er liest Stimmungen, antizipiert Absichten, denkt voraus. Das macht ihn zu einem außergewöhnlichen Partner im Training und in der Arbeit. Es bedeutet aber auch, dass Inkonsequenz sofort registriert wird. Ein ACD, der merkt, dass sein Mensch unsicher ist, füllt diese Lücke – mit eigenen Entscheidungen, die nicht immer im Sinne der Hausordnung sind. Auf den ursprünglichen Ranches war ein gesundes Misstrauen gegenüber Fremden

erwünscht. Dieses Erbe lebt fort: viele ACDs sind territorial und ressourcenbewusst. Ohne sorgfältige Sozialisation im Welpenalter kann sich daraus ein Aggressionspotenzial entwickeln, das man nicht unterschätzen darf – besonders bei Rüden im Umgang mit anderen Hunden. Monotones Drill-Training funktioniert nicht. Auf Druck reagiert er mit Gegendruck. Was ihn bewegt, ist echte Herausforderung, Abwechslung und Vertrauen. Sein stimmliches Repertoire ist beachtlich: vom kommunikativen Knurren über freudiges Jodeln bis zum durchdringenden Schreien, dem sogenannten Cattle Dog Shriek, der empfindliche Ohren auf die Probe stellt. Das ist kein Mangel – das ist Ausdruck einer Rasse, die es gewohnt war, auf sich aufmerksam zu machen.

Aktivitätslevel – Vollgas mit Ein-Schalter

Der ACD ist ein Hochleistungshund. Das ist keine Frage des Trainings, sondern der Genetik. Er braucht täglich intensive körperliche und mentale Auslastung – nicht optional, sondern als Grundvoraussetzung für ein ausgeglichenes Zusammenleben. Ein Spaziergang um den Block ist für ihn das, was ein Glas Wasser für einen Marathonläufer nach dem Rennen ist: gut gemeint, aber bei weitem nicht genug. Was ihn von vielen anderen Hochleistungsrassen unterscheidet: Er kann abschalten – wenn er gelernt hat, es zu tun. Das Zur-Ruhe-Kommen will trainiert sein, zahlt sich aber aus. Ein ACD, der Entspannung kennt, ist zuhause ein angenehmer Mitbewohner. Wer das versäumt, hat dauerhaft einen laufenden Motor in der Wohnung. Hitze verträgt er gut, sein kurzes, wetterfestes Fell macht ihn robust unter wechselnden Bedingungen. Gesundheitlich punktet er mit Langlebigkeit – 12 bis 15 Jahre sind realistisch. Das einzige nennenswerte Risiko ist sensorineurale Taubheit: Studien zeigen, dass rund 12 % der ACDs einseitig, etwa 2 % beidseitig taub sind. Seriöse Züchter lassen einen BAER-Hörtest durchführen.

Loyal, territorial, immer on – Sozialverhalten

Mit seinem Menschen geht der ACD durch dick und dünn – das ist keine Übertreibung. Die Bindung an die Hauptbezugsperson ist intensiv und tief. Er ist personenbezogen, nicht familienbezogen: Er sucht sich seinen Menschen und ordnet sich ihm unter. Mit der restlichen Familie kommt er gut aus, aber der Eine ist der Eine.
Mit anderen Hunden kann es, besonders bei Rüden, anstrengend werden. Mit Kindern ist Vorsicht geboten – nicht weil er aggressiv wäre, sondern weil sein rassetypisches Anstupsen mit der Schnauze, das sogenannte „Heelen", im Welpenalter konsequent abgewöhnt werden muss. Was beim Rind funktioniert hat, ist beim Kleinkind eine andere Geschichte.
Fremden gegenüber ist er zurückhaltend bis misstrauisch. Frühe, breite Sozialisation ist nicht Empfehlung, sondern Notwendigkeit. Ein gut sozialisierter ACD ist ein verlässlicher, selbstsicherer Hund in jeder Situation. Ein schlecht sozialisierter ist eine dauerhafte Herausforderung.

Was du mit ihm erleben kannst

Der ACD ist einer der vielseitigsten Hunde überhaupt – die Frage ist eher, wo du anfangen willst. In der klassischen Hundesportschiene bieten sich Agility, Flyball, Treibball, Dogfrisbee und Obedience an. In der Nasenarbeit brilliert er bei Mantrailing, Fährtenarbeit und spezialisierten Spürhundaufgaben. In der Ausdauersportart begleitet er beim Canicross, Bikejöring und Dog-Scootering. In der Wasserarbeit zeigen viele ACDs überraschende Begeisterung und Geschick. Wer seinen ACD als Therapie- oder Rettungshund ausbilden möchte, findet in ihm einen hochmotivierten Partner – aber der Grundstein durch frühe Sozialisation muss gelegt sein. Herding, also das Hüten mit Schafen oder anderen Tieren, liegt ihm im Blut und ist für viele ACDs eine der befriedigendsten Beschäftigungen überhaupt.
Was er nicht braucht: endlose Freilaufflächen ohne Aufgabe. Bewegung ohne Sinn füllt ihn nicht aus. Es ist die Kombination aus körperlicher und mentaler Herausforderung, die ihn glücklich macht.

Genau dein Typ? – Für wen der ACD passt

Der ACD ist kein Hund für Einsteiger. Das klingt hart, ist aber fair – sowohl dir als auch dem Hund gegenüber. Er braucht eine erfahrene Hand, die Führung nicht mit Kontrolle verwechselt, Konsequenz nicht mit Strenge und Kooperation nicht mit Beliebigkeit.

Er passt zu aktiven, sportlich orientierten Menschen oder Familien, die Zeit und Energie in gemeinsames Tun investieren wollen. Er passt zu Menschen mit einem klaren Alltag und der Bereitschaft, dem Hund eine echte Aufgabe zu geben. Er passt zu jedem, der einen Hund will, der zurückdenkt, mitentscheidet und echte Partnerschaft einfordert. Er passt nicht zu dir, wenn du Ruhe suchst. Nicht, wenn du einen Hund willst, der nett wartet, bis du Zeit hast. Nicht, wenn Konsequenz im Alltag schwerfällt. Und nicht, wenn der Hund manchmal stundenlang alleine sein muss – der ACD ist kein guter Alleinebleiber. Wer aber bereit ist, diesem Hund zu begegnen wie einem gleichwertigen Partner – dem bekommt ein ACD wie kein anderer: loyal, intelligent, ehrlich und mit einem Humor, der einen auch nach Jahren noch überrascht.

Aktivitätstyp: A / Charaktertyp: A

Steckbrief und Geschichte

Mini-Steckbrief
FCI-Gruppe: 1;
Ursprungsland: USA;
Schulterhöhe: Rüden 51–58 cm, Hündinnen 46–53 cm;
Gewicht: 16–32 kg je nach Größe,
Alter: 12–15 Jahre

AUSTRALIAN SHEPHERD

Er stammt nicht aus Australien, hat nie Schafe nach unten gehütet und ist heute Europas beliebtester Hütehund. Yee-haw – der Aussie tut alles mit Feuereifer. Alles.

Ranch, Rodeo, Ruhepause – was dieser Hund liebt

Der Australian Shepherd liebt Arbeit. Nicht als Metapher – sondern als tiefes, genetisch verankertes Grundbedürfnis. Er ist ein Hund, der auf den weitläufigen Ranches des amerikanischen Westens für nahezu alles eingesetzt wurde: Rinder verladen, Bullen zur Ordnung rufen, verlorene Tiere aufspüren, Koyoten von der Farm treiben, nachts das Lager bewachen, tagsüber Tricks für das Rodeo-Publikum lernen. Kein Job war ihm zu viel, kein Terrain zu schwierig.
Was er heute liebt: Agility, Dogdance/-Frisbee, Obedience, Hütewettbewerbe (Trials), Rettungshundarbeit, Assistenzhundeausbildung, Besuchshundarbeit. Er ist ein Allrounder im besten Sinne – aber nicht, weil er für alles mittelmäßig gut ist, sondern weil er in nahezu jedem Bereich ernsthaft mitmacht. Dazu braucht

er keine Vollprogramm-Dauerbeschäftigung – auf einer Ranch hatte der Farmhund auch Ruhezeiten. Aber er braucht regelmäßige echte Aufgaben und tägliche intensive Aktionen. Hütearbeit ist und bleibt sein urtümlichstes Betätigungsfeld. Wer ihn beim Treiben von Rindern erlebt – wie er tief und wendig arbeitet, an die Nasen der Tiere geht, auskeilende Hufe auf sich zukommen sieht und trotzdem nicht weicht – versteht sofort, was diese Rasse ausmacht.

Feuer, Loyalität und Schutzmotivation – Charakter

Der Aussie ist klug, schnell im Denken, erkennt Zusammenhänge sofort und ist von einer Begeisterungsfähigkeit, die Menschen mitreißt. Der Will-to-please ist vorhanden und stark – er will für seinen Menschen funktionieren. Was ihn von manchen anderen kooperativen Rassen unterscheidet: Er denkt dabei mit. Er liefert keine blinde Ausführung, er liefert eine durchdachte Lösung. Diese Eigenständigkeit und Durchsetzungskraft braucht klare menschliche Führung. Ohne diese übernimmt er. Ein Farmhund, der niemanden hatte, der ihm sagte, wie er einen Bullen zu stellen hatte, musste selbst entscheiden. Heute äußert sich das in Territorialverhalten, Wachsamkeit, Bellfreudigkeit und einer Schutzmotivation, die häufig unterschätzt wird. Fremden gegenüber ist er je nach Individuum und Linie sehr unterschiedlich: manche offen und herzlich, andere zurückhaltend bis skeptisch. Frühzeitige, breite Sozialisation ist entscheidend – aber ohne Überforderung, denn er ist ein sensibler Hund.

Aktivitätslevel – hoch, mit Pflicht zur Ruhepause

Der Australian Shepherd hat Hummeln im Hintern. Täglich intensive Beschäftigung ist Pflicht

– körperlich und kognitiv. Was genauso wichtig ist: Ruhe und Pausen. Ein dauerhaft hochgetriebener Aussie lernt nicht, sich zu entspannen, und wird zu einem Hund, der ohne permanente Stimulation nicht mehr funktioniert. Ruhe lernen ist ein aktives Erziehungsziel.

Kameradschaft mit Vorbehalt – Sozialverhalten

Mit seiner Familie ist der Aussie treu, anhänglich und intensiv verbunden. Er bindet sich eng, sucht Führung und Orientierung. Mit Kindern kommt er bei guter Sozialisation gut aus, kann aber den Hütetrieb aktivieren – Kinder zusammentreiben oder anstupsen ist rassetypisch und braucht Erziehung. Der Merle-Farbschlag ist populär und optisch auffällig – wichtig zu wissen: Werden zwei Merle-Träger miteinander verpaart (Double Merle), kann das zu schwerwiegenden Missbildungen der Augen und des Gehörs führen. In seriösen Zuchtverbänden ist das verboten. Als Miniaturvariante wurde der Miniature American Shepherd 2019 von FCI und VDH als eigenständige Rasse anerkannt. Die Verringerung der Körpergröße war keine züchterische Notwendigkeit, sondern reine Marktmechanik – wer den Aussie-Charakter in kleiner wünscht, sollte sich mit den spezifischen Eigenschaften dieser Variante vertraut machen.

Was du mit ihm erleben kannst – Aktivitäten

Der Australian Shepherd ist für nahezu jeden Hundesport geeignet und zeigt in den meisten davon herausragende Leistungen. Agility ist eine seiner Paradedisziplinen: schnell, wendig, präzise. Dogdance und Frisbee nutzen seine Lernfreude und Körperspannung. Obedience und Rally Obedience liegen ihm wegen des dauerhaften Dialogs mit dem Menschen. Hütearbeit – Trials an Enten, Gänsen, Schafen, Rindern – ist sein urtümlichstes Element und für jeden Aussie-Halter empfehlenswert, um viele Verhaltensweisen besser zu verstehen. Rettungshundearbeit, Assistenzhundeausbildung, Besuchshundearbeit – er bringt die Voraussetzungen mit. Als Reitbegleithund ist er langjährig bewährt.

Genau dein Typ? – Für wen der Australian Shepherd passt

Der Aussie passt zu aktiven, erfahrenen oder sehr lernbereiten Menschen, die täglich Zeit für intensive Beschäftigung haben und die Schutzmotivation dieser Rasse als rassetypisch akzeptieren. Er passt zu Hundesportbegeisterten, zu Reitern, zu Menschen mit Freude an echter Teamarbeit.
Er passt nicht zu Menschen, die einen unkomplizierten Familienhund suchen, der sich mit einem Spaziergang begnügt. Nicht zu Menschen, die seine Bellfreudigkeit und Wachsamkeit als störend empfinden. Und nicht als reiner Familienhund ohne echte Aufgabe – das wäre seiner Anlage gegenüber schlicht unfair. Wer aber bereit ist, mit ihm zu wachsen und ihn in seinem Element zu erleben – ob beim Trial oder auf dem Agility-Platz – bekommt einen Hund, der mit Feuereifer alles gibt. Immer. Yee-haw.

Aktivitätstyp: A / Charaktertyp: B

Steckbrief und Geschichte

WELSH CORGI PEMBROKE

Dreist, geschickt, überlegen und freundlich – so beschreibt der FCI-Standard diesen kleinen Walisier. Und trifft es damit ziemlich genau.

Volldampf auf kurzen Beinen – was dieser Hund liebt

Wer den Welsh Corgi Pembroke zum ersten Mal in Aktion erlebt, ist überrascht.

Mini-Steckbrief

FCI-Gruppe: 1;
Ursprungsland: Großbritannien;
Schulterhöhe: 25,4–30,5 cm;
Gewicht: Rüden 10–12 kg, Hündinnen 9–11 kg;
Alter: 12–15 Jahre

Das liegt nicht nur daran, dass er klein und trotzdem erschreckend schnell ist. Es liegt daran, dass er dabei so offensichtlich Spaß hat. Der Corgi bewegt sich durch das Leben mit einer Selbstverständlichkeit, als wäre der Rest der Welt dafür da, ihm zu gefallen – und das macht er auf eine Art charmant, die einem das Lachen schwer macht. Was er liebt: dabei sein, Teil des Geschehens sein, mittendrin statt nur dabei. Der Corgi ist kein Hund, der sich mit der zweiten Reihe zufriedengibt. Er schaut hin, bewertet, kommentiert – und nimmt notfalls selbst die Sache in die Hand. Dieses Temperament kommt nicht von ungefähr: Als Bauernhund in Wales trieb er Rinder, hielt Ställe frei, bewachte Höfe und apportierte – kurzum, er tat alles auf dem Bauernhof, außer an Tischen zu bedienen. Das war bei einer Schulterhöhe von 25 bis 30 cm auch wirklich etwas viel verlangt. Seine Lieblingsbeschäftigungen heute: Bewegung in der Natur, gemeinsame Aktivitäten mit seinem Menschen, Rally Obedience, Suchübungen, Tricktraining, Agility. Apportieren macht ihm Freude, Nasenarbeit ebenso. Er ist weder Jogger noch Couchpotato, sondern das, was der FCI-Standard als „Geher" bezeichnet – ausdauernder Begleiter bei ausgedehnten Spaziergängen, Wanderungen, Ausflügen. Kurze Runden ohne Inhalt befriedigen ihn nicht. Sein Verstand will mitlaufen. Was weniger gut zu ihm passt: stundenlanges Alleinsein, unterfordertes Warten, und Situationen, in denen niemand auf seine ausgeprägte Meinung eingeht. Als Therapie- und Pädagogik-Begleithund zeigt er bemerkenswerte Qualitäten – sein entzückendes Gesicht öffnet Türen, sein feines Gespür schließt sie sanft wieder, wenn er genug hat.

Dreist ist im Standard – Charakter

Der FCI-Standard beschreibt den Welsh Corgi Pembroke mit einem Wort, das für einen Rassestandard ungewöhnlich ehrlich ist: dreist. Dreist und geschickt, überlegen und freundlich, weder nervös noch aggressiv. Das ist eine zutreffende Charakterskizze. Der Corgi hat seinen eigenen Kopf. Er ist intelligent, erkennt Zusammenhänge schnell, und nutzt diese Fähigkeit konsequent zu seinem Vorteil. Was sein Mensch ihm verbietet, wertet er aus. Was sein Mensch ihm durchgehen lässt, notiert er für die Zukunft. Das macht ihn nicht böse, aber es macht ihn zu einem Hund, bei dem Konsequenz nicht optional ist. Hartnäckigkeit im Verfolgen eigener Ziele liegt den meisten Vertretern fest im Blut – das wurde nicht umsonst über Jahrhunderte selektiert. Wachsamkeit ist ein weiteres Rassemerkmal. Der Corgi meldet, was sich in seinem Revier tut – lautstark, wenn nötig. Er ist bellfreudig und besitzt ein breites Repertoire an Lautäußerungen, das über simples Bellen weit hinausgeht. Wer einen stillen Nachbarn braucht,

sollte diese Eigenschaft sehr ernst nehmen. Der berühmte Hütetrieb zeigt sich auch heute noch: Das „Heelen" – das Schnappen nach Fersen oder Hosensäumen – ist eine rassetypische Verhaltensweise, die früher den störrischen Bullen in Bewegung brachte. Im Alltag mit Menschen und Kindern braucht es frühe und konsequente Erziehung, damit diese Anlage nicht problematisch wird. Mit Kindern kommt der Corgi in der Regel gut aus, sofern sie nicht wie kleine Schafe behandelt werden wollen. Gleichzeitig ist er anhänglich, menschenbezogen, empathisch – und in der richtigen Situation überraschend einfühlsam. Als Therapiehund, Schulhund oder Pädagogik-Begleithund zeigen gut sozialisierte Vertreter ein Gespür für menschliche Stimmungen und Bedürfnisse, das beeindruckt.

Aktivitätslevel – aktiv, aber kein Ausdauerextremist

Der Welsh Corgi Pembroke ist ein aktiver Hund, der täglich Bewegung und Beschäftigung braucht – aber er ist kein Hund für Ultramarathon-Begeisterte. Sein Körperbau ist auf Ausdauer ausgelegt, nicht auf Geschwindigkeit. Er kann stundenlang mitgehen, bergauf wie bergab – und überrascht dabei regelmäßig Menschen, die einen kurzbeinigen Kleinformat-Hund mit begrenztem Bewegungsbedarf assoziieren. Was er braucht: tägliche ausgedehnte Spaziergänge, gelegentlich Nasenarbeit oder Sportkurse, und vor allem: Beschäftigung für den Kopf. Geistige Unterforderung schlägt sich beim Corgi schnell nieder – in kreativ gelösten Haushaltsherausforderungen oder in ausgiebigem Diskussionsbellen.

Wichtig für die Haltung: Wegen seiner langen Wirbelsäule im Verhältnis zu den kurzen Beinen sollten hohe Sprünge vermieden werden. Eine Hundetreppe oder Rampe für Möbel ist in vielen Corgi-Haushalten Standard. Übergewicht belastet die Gelenke überproportional – der Corgi ist dem Futter gegenüber sehr zugeneigt, was regelmäßige Gewichtskontrolle nötig macht. Das Fell haart stark, besonders im Fellwechsel; tägliches Staubsaugen gehört zur Corgi-Realität.

Mit Königinnen und Kindergartenkindern – Sozialverhalten

Der Welsh Corgi Pembroke ist Menschen gegenüber offen, extrovertiert und herzlich. Er ist kein reservierter Hund, der erst misstrauisch beobachtet – er geht auf Menschen zu, bewertet sie dabei aber durchaus. Wer ihn zu bedrängen versucht, bekommt eine freundliche, aber deutliche Abfuhr.

Mit anderen Hunden ist er in der Regel verträglich, kann aber Dominanz zeigen und hält gern die Initiative. Mit Katzen und Kleintieren hängt das Zusammenleben von früher Sozialisation ab – sein Hüte- und Jagdinstinkt kann sich aktivieren.
In der Familie mit Kindern ist er ein spielfreudiger und lustiger Begleiter. Der Hütetrieb gegenüber kleinen Kindern – das Zusammentreiben, Anrempeln oder Fersenbeißen – sollte früh erkannt und konsequent umgelenkt werden. Gut sozialisiert ist er ein ausgezeichneter Familienhund, der alle Mitglieder gleichermaßen einbindet.
Als Therapiehund, Schulhund und Pädagogik-Begleithund zeigen Corgis mit passendem Wesen bemerkenswerte Leistungen. Ihr entzückendes Äußeres senkt Berührungsangst bei Kindern, Senioren und Menschen mit Einschränkungen – und ihr feines Gespür für Stimmungen tut den Rest.

Was du mit ihm erleben kannst – Aktivitäten

Der Corgi ist vielseitiger, als sein Äußeres vermuten lässt. Bergwandern, ausgedehnte Spaziergänge, Hundesport – er macht mit, solange es Inhalt und Bewegung gibt. Im organisierten Hundesport zeigt er sein bestes Gesicht: Rally Obedience liegt ihm wegen des dauerhaften Dialogs mit dem Menschen. Agility ist für geeignete Vertreter möglich, wobei hohe Sprünge wegen der Wirbelsäule limitiert werden sollten. Tricktraining begeistert ihn – je ausgefallener, desto besser. Nasenarbeit, Suchspiele, Fährtenarbeit, Dummytraining auf flachem Gelände – er ist für vieles offen. Als Therapiehund und Schulhund hat er dokumentierte Stärken: Sein charmantes Erscheinungsbild senkt Berührungsangst, sein Feingefühl lässt ihn Grenzen anderer spüren. Pädagogische Konzepte, die mit Hunden arbeiten, setzen ihn für Leseförderung, Demenztherapie und musikalische Früherziehung ein. Obedience ist ein weiteres Betätigungsfeld – er kann es lernen, er bringt die kognitive Voraussetzung mit. Aber er hinterfragt. Das unterscheidet ihn von anderen Hütehunden und macht Trainingseinheiten lebendig.

Genau dein Typ? – Für wen der Welsh Corgi Pembroke passt

Der Welsh Corgi Pembroke passt zu Menschen mit Humor, Konsequenz und ausreichend Zeit für aktive Beschäftigung. Er ist kein Hund, der sich selbst führt – er braucht klare Orientierung und wird im Gegenzug ein loyaler, lebhafter, unerschöpflich charmanter Begleiter. Er passt zu Familien, zu aktiven Einzelpersonen, zu Menschen, die einen kleinen Hund mit großem Charakter suchen. Er passt zu Sporttreibenden auf mittlerem Niveau und zu Menschen, die tiergestützte Arbeit ernsthaft betreiben möchten. Er passt auch zu Stadtwohnungen – mit täglichem ausgedehntem Auslauf als Pflicht, nicht als Option.

Er passt nicht zu dir, wenn du einen Hund suchst, der unkompliziert pariert. Nicht, wenn Bellen in der Wohnung ein echtes Problem für dich und deine Nachbarn ist. Nicht, wenn du glaubst, er sei wegen seiner Größe wenig anspruchsvoll. Und nicht, wenn du möchtest, dass er auf dem Sofa bleibt und nicht auf den Tisch klettert. Wer aber für Humor, Eigenständigkeit und eine lebenslange Diskussionsbereitschaft offen ist, bekommt in ihm einen kleinen Walisier, der Weltfrieden schaffen könnte – wenn alle so viel Liebe und Freude verbreiten würden wie er.

Aktivitätstyp: A / Charaktertyp: B

Steckbrief und Geschichte

SHELTIE (Shetland Sheepdog)

Klein, elegant, fein in der Körpersprache und mit einer Auffassungsgabe, die erfahrene Hundetrainer regelmäßig verblüfft – und dabei bellfreudig wie ein Inselpostbote.

Multitalent vom Nordatlantik – was dieser Hund liebt

Der Shetland Sheepdog ist ein echter Vielkönner. Was er am meisten liebt: alles mit seinem Menschen tun. Agility, Obedience, Dogdancing, Flyball, Frisbee, Nasenarbeit, Bettwanzensuche, Tricktraining, Schulhundarbeit, Lesen-Lernen-Begleitung, Wanderungen, Jogging – er bringt

Mini-Steckbrief

FCI-Gruppe: 1;
Ursprungsland: Großbritannien;
Schulterhöhe: Idealmaß Rüden 37 cm, Hündinnen 35,5 cm (jew. ±2,5 cm Toleranz)
Gewicht: ca. 6–12 kg
Alter: 12–15 Jahre

für nahezu jede Aktivität die Grundvoraussetzungen mit und lernt in der Zusammenarbeit mit einem aufmerksamen Menschen mit beeindruckender Geschwindigkeit.
Was ihn antreibt: der Will-to-please, der Wunsch, seinem Menschen zu gefallen, ist bei dieser Rasse tief verankert und ausgeprägt. Er liest Blicke, er antizipiert Wünsche, er gibt alles. Das macht ihn zu einem der kooperativsten Hunde überhaupt – und zu einem, der mit Feingefühl geführt werden muss, nicht mit Druck.
Er liebt Bewegung, aber ist kein Extremsportler. Ausgedehnte Spaziergänge und Wanderungen liegen ihm, auch Joggingbegleitung ist bei geeigneten Vertretern möglich. Drinnen ist er ein ruhiger, anschmiegsamer Begleiter, der die Nähe zu seinem Menschen sucht.
Was er nicht mag: laute, grobe Umgebungen, Hektik, Druck und Streit. Er reagiert empfindlich auf Spannungen im Haushalt – was ihn zum Seismographen der Familienstimmung macht. Das ist charmant und manchmal herausfordernd.

Wachsam, sanft, lebhaft – Charakter

Der FCI-Standard beschreibt den Shetland Sheepdog als wachsam, sanft, intelligent, kräftig und lebhaft. Liebevoll und verständig gegenüber seinem Herrn, reserviert gegenüber Fremden, niemals nervös. Das ist präzise formuliert.
Die Reserviertheit gegenüber Fremden ist echter Rassecharakter – keine Schüchternheit, sondern Wachsamkeit. Der Sheltie wächst nicht sofort mit jedem warm.

Er beobachtet zunächst, wertet aus, öffnet sich dann – und ist danach ein überaus herzlicher Begleiter. Bei mangelhafter Sozialisation kann diese Zurückhaltung in echte Schüchternheit oder übermäßige Lautäußerungen umschlagen.
Die Bellfreudigkeit ist ein Rassemerkmal, das man vor der Anschaffung sehr ernst nehmen sollte. Shelties kommentieren die Welt: Besucher, Fahrradfahrer, Geräusche, aufgeregte Stimmungen – alles wird akustisch begleitet. Das ist kein Fehler, das ist Sheltie. Wer in einer Wohnung mit dünnen Wänden lebt, braucht entweder sehr tolerante Nachbarn oder einen anderen Hund.
Besonders ausgeprägt: die Sensibilität. Manche Shelties reagieren auf schnelle Bewegungen oder laute Geräusche (Radfahrer!) mit Hetztendenz. Diese Anlage sollte früh und geduldig umgelenkt werden.

Aktivitätslevel – mittleres bis hohes Niveau, hohe Qualitätsanforderung

Der Sheltie braucht täglich ausreichend Bewegung und geistige Stimulation. Er ist kein Hund für Menschen, die wenig Zeit haben – weder für sein Körper noch für seinen Kopf. Was er nicht akzeptiert: Unterforderung. Ein gelangweilter Sheltie erfindet sich Beschäftigung, und die fällt selten ruhig aus. Gleichzeitig ist er kein Extremathlet. Was er braucht, ist eine gute Balance: körperliche Aktivität und mentale Arbeit, mit ausreichend Ruhephasen dazwischen.
Das Fell ist im Fellwechsel pflegeintensiv: zweimal jährlich verliert er büschelweise Unterwolle. Regelmäßiges Bürsten – mindestens wöchentlich – ist Pflicht, im Sommer öfter, um Überhitzung durch zu viel Unterwolle zu verhindern. Der MDR1-Defekt (Arzneimittelüberempfindlichkeit) tritt bei Shelties gehäuft auf – vor jeder Medikamentengabe den behandelnden Tierarzt informieren und testen lassen.

Familienseele mit Reserveknopf – Sozialverhalten

Für seine Familie ist der Sheltie ein treuer, anhänglicher, einfühlsamer Begleiter. Er folgt seinem Menschen auf Schritt und Tritt, schläft am liebsten in seiner Nähe und gibt für Aufmerksamkeit und Lob buchstäblich alles.
Mit Kindern kommt er gut aus, sofern diese ruhig und respektvoll mit ihm umgehen. Laute, hektische Kinder können ihn stressen.
Mit anderen Hunden ist er häufig gut verträglich, bevorzugt aber Artgenossen oder ähnlich zarte Spielpartner. Grobe, übergriffige Hunde setzen ihn unter Druck; davor muss man ihn aktiv schützen.
Als Schul- und Therapiehund zeigt er bemerkenswerte Leistungen. Seine Fähigkeit, Stimmungen zu lesen und sich behutsam anzunähern, macht ihn zum idealen Begleiter für sensible pädagogische Arbeit. Schulhunde-Konzepte berichten von Kindern, die sich

gegenüber dem Sheltie öffnen, weil seine Körpersprache klar, fein und nie bedrohlich ist.

Was du mit ihm erleben kannst

Der Sheltie ist auf Agility nahezu spezialisiert: Geschwindigkeit, Wendigkeit, Fokus auf den Menschen – er bringt alles mit, was diese Sportart verlangt, und zeigt darin oft beeindruckende Leistungen. Rally Obedience liegt ihm wegen des dauerhaften Dialogs mit dem Menschen. Obedience und Dogdance ebenfalls. Nasenarbeit in allen Varianten – Mantrailing, Fährtenarbeit, Bettwanzen- oder Trüffelsuche – nutzt seine feinen Sinne. Als Schulhund und Therapiehund überzeugt er mit Feingefühl und Behutsomkeit. Wanderungen und Jogging ergänzen das Programm körperlich. Was er nicht braucht: monotone Spaziergänge ohne Inhalt, dauerhaftes Alleinsein, grobe Handhabung und Trainingseinheiten mit Druck. Wer ihn richtig führt, bekommt einen Hund, der Wünsche von den Augen abliest und mit Freude umsetzt – einen echten Teamplayer im kleinen Format.

Genau dein Typ? – Für wen der Sheltie passt

Der Shetland Sheepdog passt zu aktiven, einfühlsamen Menschen, die einen kleinen Hund mit großem Intellekt und echtem Kooperationswillen suchen. Er passt zu Ersthundehaltern – sofern diese verstehen, dass Leichtführigkeit nicht Pflegeleichtigkeit bedeutet. Er passt zu Sporttreibenden aller Art, zu Tiergestützte-Arbeit-Interessierten, zu Familien mit ruhigen Kindern. Er passt nicht zu Menschen mit wenig Zeit für aktive Beschäftigung. Nicht, wenn Bellfreudigheit im Alltag ein echtes Problem ist. Nicht, wenn grobe, laute Haushaltsstimmungen überwiegen. Und nicht, wenn man glaubt, sein flauschiges Äußeres sei das Hauptmerkmal. Wer aber einen Hund sucht, der mitdenkt, mitläuft, mitfühlt – und dabei aussieht wie ein Mini-Collie mit perfekt sitzender Frisur – wird im Sheltie einen der charmantesten Begleiter finden, die die Hunde-Welt zu bieten hat.

Aktivitätstyp: B / Charaktertyp: C

Steckbrief und Geschichte

DEUTSCHER SCHÄFERHUND

Einst als preußischer Hundesoldat, instrumentalisiert, nach zweifelhaften Schönheitsidealen geformt – und trotz allem dem Menschen treu geblieben, als pflichtbewusster Arbeitspartner und unschlagbar vielseitiger Begleiter.

Für alle Fälle gebaut – was dieser Hund liebt

Der Deutsche Schäferhund ist der vielleicht vielseitigste Gebrauchshund der Welt. Dienst- und Schutzhund, Rettungshund, Blindenführhund, Therapiehund, Drogenspürhund, La-

Mini-Steckbrief

FCI-Gruppe: 1;
Ursprungsland: Deutschland;
Schulterhöhe: Rüden 60–65 cm, Hündinnen 55–60 cm
Gewicht: Rüden ca. 30–40 kg, Hündinnen ca. 22–32 kg;
Alter: 9–13Jahre

winen- und Trümmersuchhund, Mondioring-Athlet, Familienhund und Fahrradbegleiter – er ist in so vielen Bereichen erfolgreich eingesetzt worden, dass die Liste ihrer Länge wegen unglaubwürdig klingt. Sie ist es trotzdem nicht.
Was er liebt: Aufgaben. Dem Menschen gefallen. Arbeiten. Der Schäferhund hat einen ausgeprägten Will-to-please, der ihn von vielen anderen Rassen unterscheidet. Er wartet mit leuchtenden Augen darauf, etwas tun zu dürfen. Er hinterfragt nicht jedes Kommando, er setzt um. Das ist ein Geschenk – und eine Verantwortung.
Sein Trieb – die motorische und emotionale Energie, die ihn antreibt – ist besonders in Leistungslinien stark ausgeprägt. Mit diesem Trieb richtig umzugehen, ihn zu kanalisieren, statt zu unterdrücken, ist das Herzstück rassegerechter Schäferhundhaltung. Wer ihn nicht artgerecht beschäftigt, bekommt einen Hund, der sich selbst eine Aufgabe sucht: das Jagen von Autos, das Bellen an der Leine, das Buddeln im Garten. Das sind keine Persönlichkeitsfehler, das sind Symptome von Unterforderung.
Als Ausdauerathlet ist er beeindruckend: 12 Stunden wandern, anschließend fragen, was als nächstes kommt – das ist dokumentierter Alltag von Schäferhunden aus guten Leistungslinien.

Treu, selbstbewusst, bindungsstark – Charakter

Der Deutsche Schäferhund ist ein Hund für tiefe Bindungen. Er ist typischerweise ein Ein-Mensch- oder Eine-Familie-Hund: Zu seiner engsten Bezugsperson baut er eine Intensität der Verbindung auf, die andere Menschen manchmal als vereinnahmend erleben. Er folgt auf Schritt und Tritt, beobachtet permanent, ist immer präsent.

Diese Bindungsstärke ist keine Schwäche, sondern sein ursprüngliches Design. Hütehunde arbeiteten eng mit einem spezifischen Menschen zusammen – dieser Mensch war ihre Referenz, ihre Sicherheit, ihr Ziel. Heute zeigt sich das darin, dass manche Schäferhunde sich selbst als verantwortlich für das Wohlbefinden ihrer Familie betrachten. Das kann in einem Kontrollverhalten münden, das in Erziehung und Training aktiv angesprochen werden muss.
Bellfreudigkeit und Territorialverhalten sind typische Rassemerkmale – er meldet, was sich Haus und Hof nähert, zuverlässig und lautstark. Das ist nützlich als Wachhund, kann im städtischen Umfeld aber herausfordernd sein.
Aus Leistungslinien kommende Schäferhunde haben einen starken Trieb und brauchen konsequente, aber einfühlsame Führung. Strenge ohne Empathie erzeugt keinen zuverlässigen Hund, sondern einen angespannten. Umgekehrt schafft fehlendes Grenzensetzen einen Hund, der selbst die Führung übernimmt – was bei dieser Rasse selten gut ausgeht.

Aktivitätslevel – hoch, triebstark, auf Leistung ausgelegt

Der Deutsche Schäferhund – besonders aus Leistungslinien – braucht täglich intensive körperliche und geistige Auslastung. Das ist keine Empfehlung, das ist eine Bedingung für ein ausgeglichenes Miteinander. Ohne ausreichende Beschäftigung entwickeln sich Problemverhalten, die schwer zu korrigieren sind.
Er ist ausdauernd: lange Wanderungen, Radfahrbegleitung, Canicross, ausgedehnte Trainingseinheiten – er hält mit und will mehr. Sein Körper ist für Dauerleistung optimiert. Hunde aus Showlinien können deutlich ruhiger sein, brauchen aber ebenfalls regelmäßige Beschäftigung.
Das Fell wechselt zweimal jährlich komplett;

Haare auf der Kleidung sind ein ganzjährig gesehenes Accessoire. Stockhaar: alle 2–3 Wochen bürsten. Langstockhaar: mindestens wöchentlich.

Loyaler Wächter und sensibler Begleiter – Sozialverhalten

Mit seiner Familie ist der Deutsche Schäferhund loyal, anhänglich und von einer Tiefe der Zuneigung, die ihn zu einem außergewöhnlichen Lebensbegleiter macht. Gegenüber Kindern verhält er sich in der Regel freundlich und geduldig – sofern er gut sozialisiert ist. Mit anderen Haustieren kommt er bei früher Gewöhnung gut zurecht. Fremden gegenüber ist er zunächst wachsam, nicht unkontrolliert aggressiv. Gut sozialisierte Vertreter aus stabilen Linien lassen sich im Alltag gut handhaben. Probleme entstehen oft durch mangelnde Sozialisation in der Welpenphase oder durch die falsche Verstärkung von Schutzverhalten durch den Menschen. Als Dienst- und Sporthund in einem Team eingesetzt, entfaltet er sein Potential am vollständigsten. Die Bindung zwischen einem gut ausgebildeten Schäferhund und seinem Hundeführer ist ein Phänomen, das Menschen, die es erlebt haben, nicht mehr loslässt.

Was du mit ihm erleben kannst – Aktivitäten

Der Deutsche Schäferhund öffnet buchstäblich jede Tür im Hundesport und Arbeitshundebereich. Rettungshundearbeit (Fläche und Trümmer), Schutzdienst und Mondioring, Hütearbeit auf Leistungsniveau, Vielseitigkeitssport (IPO/IGP), Nasenarbeit, Mantrailing, Agility, Obedience, Tricktraining, Therapiehundearbeit, Blindenführhundeausbildung, Drogensuchdienst, Lawinen- und Katastrophenschutz – er ist in allen diesen Bereichen dokumentiert erfolgreich. Auch als Freizeitpartner auf Abenteuerreisen, beim Wandern, Radfahren oder Bikejöring ist er eine hervorragende Wahl – sofern Trieb und Energie entsprechend kanalisiert sind. Was er braucht: täglich echte Auslastung. Körperlich und geistig. Ein Ball allein reicht nicht – Balljunkies entstehen beim DSH schnell, wenn unkontrolliert gespielt wird. Sinnvolle Beschäftigung mit echtem Arbeitscharakter ist dem Tier gegenüber fairer und nachhaltiger.

Genau dein Typ? – Für wen der Deutsche Schäferhund passt

Der Deutsche Schäferhund passt zu aktiven, erfahrenen oder sehr lernbereiten Menschen, die Arbeit mit ihrem Hund nicht als Pflicht, sondern als Leidenschaft begreifen. Er passt zu Menschen, die täglich Zeit für intensiven Austausch mitbringen – und die verstehen, dass die Tiefe der Bindung proportional zum Investment ist.
Er passt zu Rettungshundeführern, Hundesportbegeisterten, Outdooraktiven, Familien mit Erfahrung in der Haltung anspruchsvoller Rassen. Er passt zu Menschen, die einen verlässlichen Wächter wünschen, ohne einen unkontrollierbaren Schutzhund zu wollen.
Er passt nicht zu Ersthundehaltern ohne fachkundige Unterstützung. Nicht, wenn wenig Zeit für tägliche intensive Beschäftigung bleibt. Nicht, wenn das Leben hauptsächlich in der Wohnung stattfindet. Und nicht, wenn die Entscheidung allein durch das imposante Äußere getrieben wird.
Wer aber bereit ist, sich auf diesen Hund wirklich einzulassen – auf seine Intelligenz, seine Triebstärke, seinen tiefen Willen, zu einem Menschen zu gehören – bekommt einen Begleiter, der buchstäblich alles tut. Für alle Fälle. Immer.

Aktivitätstyp: A / Charaktertyp: B

Steckbrief und Geschichte

Außerdem:
Portraits Belgischer Schäferhund & Bearded Collie

5.2 HERDENSCHUTZ-, SENNENHUNDE & CO.– KRAFTPAKETE MIT HERZ

Urinstinkt, Würde & stille Stärke

Für erfahrene Menschen, die Respekt als Grundlage einer Beziehung verstehen.

Sie sind groß, sie sind ruhig – und sie haben eine Meinung. Wer einen Herdenschutz-, Sennenhund oder Rottweiler in sein Leben lässt, bekommt keinen Befehlsempfänger, sondern einen Charakter. Diese Hunde waren über Generationen auf eigenständige Entscheidungen angewiesen – das lässt sich nicht einfach so wegtrainieren. Was sie im Gegenzug mitbringen: Loyalität und Würde, die unter die Haut geht. Die Basis dafür heißt gegenseitiger Respekt – die muss man sich erarbeiten.

Wenn sich jemand auskennt mit diesem Typ Hund, dann **Petra Krivy**:

„Herdenschutzhunde: Gern eigenständig, bindungsstark und absolut unterschätzt“

Bella und Sebastian – wie ein Kindertraum zur Leidenschaft wurde

Zu meiner Rasse bin ich eigentlich schon als Kind gekommen – durch eine Kinderserie, die Bella und Sebastian hieß und heute zum Glück neu aufgelegt wurde. Ein kleiner Junge und eine große, hauptsächlich weiße, sehr selbstbestimmt lebende Hündin. Da stand für

Petra Krivy ist seit rund 30 Jahren gewerbliche Hundetrainerin. Sie hält seit über vier Jahrzehnten Slovenský Čuvač – eine slowakische Herdenschutzhundrasse – und selbst ein Buch über Herdenschutzhunde veröffentlicht. Sie ist eine der bekanntesten deutschsprachigen Expertinnen für Herdenschutzhundtypen.

mich fest: Mein Traumhund ist groß, weiß, schlappohrig und langhaarig. Konkret wurde das 1983, als ich zum ersten Mal in der damaligen Tschechoslowakei in einer Straßenbahn ein Plakat sah mit zwei großen weißen Hunden. Ich war sprachlos. Der Onkel erklärte: „Das ist unsere Nationalrasse – das ist ein Slovenský Čuvač." Und seitdem ist das meine Rasse.
Ich hatte überhaupt keine Ahnung, was für ein Typ Hund das war. Meine erste Hündin Aura kam aus keiner guten Haltung. Die Dreijährige wurde von einer Dame verkauft, die Zucht nicht wirklich seriös betrieb. Aber Aura und ich haben sehr gut zueinander gefunden.

Hütehund, Treibhund, Herdenschutzhund – drei grundverschiedene Typen

Zunächst ist es wichtig, einen Begriff zu klären, der immer wieder für Durcheinander sorgt: Ein Herdenschutzhund ist nicht das Gleiche wie ein Hütehund. Der Oberbegriff ist Hirtenhund. Hirtenhunde unterteilen sich in Hütehunde, Treibhunde und Herdenschutzhunde – drei fundamental unterschiedliche Typen.
Der Hütehund muss auf Bewegungsreize reagieren: Was machen die Schafe? Wollen sie nach rechts, links, geradeaus? Stimmt das mit den Wünschen des Schäfers überein? Wenn nicht, tritt der Hüter oder der Treiber in Aktion. Der Herdenschutzhund hingegen soll überhaupt nicht auf Aktionen innerhalb der Herde reagieren. Sein Job ist das Bewachen, der Schutz – und er übernimmt diesen Job bevorzugt ab Dämmerung und in der Nacht, wenn der Schäfer schläft.
Wer arbeitende Herdenschutzhunde erlebt, sieht zunächst oft nur die Herde und vielleicht einen kleinen, flinken Hüte- oder Treibhund, der drumherumrennt. Dann nähert man sich – und plötzlich tauchen wie aus dem Nichts an strategisch günstigen Positionen Köpfe auf. Diese Köpfe fangen dann an zu bellen. Massiv, sonor, bestimmt. Das sind die Herdenschutzhunde. Sie sind dazu da, die Herde vor Fremden und Prädatoren zu schützen.

Das Bewachen steckt drin – auch ohne Schafe

Ich selbst habe keine Schafe oder andere Nutztiere und werde auch nie welche haben. (Natürlich kennen meine Hunde Schafe!!!) Doch so wie jagdliche Passion auch in einem nicht jagdlich geführten Jagdhund steckt oder der Spaß am Graben im Terrier, so bewacht eben auch der Herdenschutzhund, der keiner Herde zugeteilt ist. Die Frage ist nur, auf wen oder was sich dieses Bewachen richtet. Und die Antwort ist eindeutig: auf den sozialen Partner. Für den Herdenschutzhund, der in der Familie lebt, sind die Familienmitglieder die soziale Gemeinschaft, die er bewacht und beschützt. Das ist natürlich auch eine Frage der Sozialisation: Arbeitende Hunde wachsen von Anfang an in der Herde auf. Familiengezüchtete Hunde wachsen im Familienkreis auf. Das prägt, was als normal gilt.

Mit sozialem Lernen statt mit Druck – was wirklich funktioniert

Was das für den Alltag bedeutet: Diese Hunde reagieren auf Fremdes, auf unbekannte Personen, unbekannte Geräusche, Dinge, die sich der Familie nähern. Das ist ihr Job, und sie tun ihn. Man muss lernen, das zu handlen, zu managen, daran zu arbeiten – nicht dagegen. Ich erlebe immer wieder, dass das soziale Lernen bei diesen Hunden besonders gut funktioniert. Sie binden sich eng, sie beobachten ihren Menschen genau, sie ahmen nach. Wenn ich ruhig auf eine Situation reagiere und dem Hund vorlebe, dass ich die Lage beherrsche und die Kontrolle übernehme, akzeptiert er das. Wenn meine Hündin bellt, gehe ich hin, bestätige kurz, dass sie recht hatte etwas zu melden – und übernehme dann. Das klappt sehr gut.

Was nicht klappt: Schimpfen, Druck, Konfrontation. Herdenschutzhunde drehen sich dann gern um und gehen. Mit Kooperation, Klarheit und Konsequenz – nicht mit Hü und Hott – geht es hingegen sehr gut.

Kein Haus, kein Garten? Kein Problem – aber besser kein sechster Stock

Die oft gestellte Frage: Braucht man ein Haus mit großem Garten? Völliger Blödsinn. Ich habe in meinem Leben noch kein eigenes Haus besessen und werde keines besitzen. Ich habe auch keinen großen Garten. Wer den Hund tagsüber einfach in den Garten abschiebt und denkt, er täte etwas Gutes, legt die Basis für Selbständigkeit im schlechten Sinne – der Hund verbellt alles, was er sieht, entwickelt seine eigenen Ideen, folgt seinem Naturell. Das ist aber nicht das Ziel im gesellschaftlichen Miteinander.

Was wirklich allein aus pragmatischen Gründen schwierig wäre: Ein 50 oder mehr Kilo schwerer Hirtenhund im sechsten Stock einer Hochhaussiedlung. Wenn der Hund alt wird oder sonstige gesundheitliche Beschwerden hat und man ihn täglich über sechs Stockwerke transportieren muss – das wird ein ernsthaftes Problem.

Tierschutzhunde aus dem Ausland – und warum Ehrlichkeit fehlt

Zu Tierschutzhunden aus Südosteuropa: Dort landen in der Regel weder Show-Hunde noch gute Arbeitshunde Ungeeignete Arbeitshunde werden dort leider nicht gut behandelt. Was auf der Straße landet und sich dort weiter kreuzt, ist meistens nicht die reine Arbeitslinie. Trotzdem: Gerade die großen Hunde aus diesen Regionen tragen sehr häufig Herdenschutzhund- oder Lagerhund-Anteile in sich.

Ein großes Problem beim Auslandstierschutz ist, dass oft nicht mit offenen Karten gespielt wird. Wenn ein Hund mit sechs Monaten schon 65 Zentimeter Widerristhöhe hat, steil in der Hinterhand steht und aus türkischen Randgebieten kommt und als „Labradormischling" vermittelt wird, dann läuft etwas falsch. Das schadet allen Beteiligten. Dabei ist Herdenschutzhund-Anteil nichts Schlimmes. Und deshalb allein muss auch kein Hund wieder abgegeben werden! Warum auch? Wer käme auf die Idee zu überlegen: Mein Hundetrainer hat mir gesagt, da ist ein Jagdhund mit drin, muss ich den jetzt abgeben? Blanker Unsinn.

Kein Hund ist wie der andere – Erkenne dessen Naturell!

Wer mit Ruhe, Authentizität, Kooperation und Konsequenz an diese Hunde herangeht, wird von ihrer tiefen Bindungsfähigkeit und ihrer ruhigen Verlässlichkeit begeistert sein. Wer auf Konfrontation setzt, ist schlecht beraten. Er wird sich wundern, wie konsequent diese Hunde dann einfach wegsehen können und ihr eigenes Ding machen – oder im schlimmsten Fall selber auf Konfrontation gehen.
Unterm Strich ist auch ein Herdenschutzhund erst einmal ein Hund. Aber eben mit typgebundenen Eigenschaften – die darf man nicht wegleugnen. Aber man darf sie auch nicht zum Schreckgespenst machen oder als „Erklärung" und Entschuldigung heranziehen, wenn es mit Anleitung und Erziehung hapert. Kein Anfängerhund? Aber was ist dann ein Anfängerhund? Ein Jack Russell Terrier, nur weil er klein ist? Das kann genauso ins Auge gehen.
Wenn der Herdenschutzhund entsprechend seines individuellen Naturells gehalten, geschätzt, angeleitet und geführt wird, ist er ein wunderbarer Sozialpartner. Definitiv.

Interview mit Petra Krivy

KANGAL

Er ist mutig, majestätisch und so klug, dass er Kommandos erst nach sorgfältiger Prüfung ausführt – in dem Tempo, das er für angemessen hält. Wer ihn als Teddybär oder als Statussymbol betrachtet, tut dieser uralten Rasse gleichermaßen Unrecht.

Wächter aus Instinkt – was dieser Hund liebt

Es gibt Hunde, die einen Job erlernen. Und dann gibt es den Kangal – der seinen Job von tausend Jahren in sich trägt. Er schützt. Nicht weil er es gelernt hat, sondern weil es sein Wesenskern ist. Wer ihn auf einer weitläufigen Wiese in Aktion erlebt, versteht das sofort: Mit erhobenem Kopf, lässig und gleichzeitig vollkommen präsent, überblickt er sein Territorium. Alles, was dort lebt, gehört unter seinen Schutz – und alles, was von außen kommt, wird bewertet. Gründlich.
Was er innig liebt: seine Herde, seine Familie, seinen Raum. Der Kangal ist ein Hund, der Sinn braucht. Herdenschutzarbeit ist seine natürlichste Beschäftigung – das Bewachen von Schafen, Ziegen, Rindern in Zusammenarbeit mit anderen Kangals. Er arbeitet weitgehend eigenständig, koordiniert sich mit seinen Artgenossen, entscheidet selbst, wann welche Reaktion angemessen ist. Meist

Mini-Steckbrief

FCI-Gruppe: 2;
Ursprungsland: Türkei;
Schulterhöhe: Rüden 74–81 cm, Hündinnen 71–77 cm
Gewicht: Rüden bis 65 kg, Hündinnen bis 50 kg;
Alter: 10–13Jahre

genügt seine Präsenz, um Wölfe oder Eindringlinge abzuschrecken. Oft reicht sein rollendes Bellen. Nur wenn es wirklich nötig ist, greift er ein – dann aber mit erstaunlicher Schnelligkeit und Entschlossenheit. Er braucht Weite, Außenaufenthalte, den Kontakt zu seiner Familie. Er ist ausgesprochen menschenbezogen zu den Menschen, denen er vertraut. Er ist kein Hund für das Stadtleben, nicht für kleine Wohnungen, nicht für Situationen ohne klare Strukturen.

Klug, selbstbewusst, tiefbindend – Charakter

Der Kangal ist eine alte Seele. Das sagen übereinstimmend alle, die ihn kennen – Schäfer, Tierpfleger, Verhaltensberater. Es ist ein Begriff, der sich schwer erklären lässt, aber sofort verständlich wird, wenn man ihm begegnet: eine Würde, eine Ruhe, eine Tiefe, die über das hinausgeht, was man von einem Hund erwartet. Er ist klug – nicht auf dem schnellen, verspielten Weg mancher Hütehunde, sondern auf die ruhige, abwägende Art eines Wesens, das vor jeder Handlung nachdenkt. Ein Kangal führt Kommandos nach sorgfältiger Prüfung aus – und in dem Tempo, das er für angemessen hält. Das ist keine Sturheit, das ist Intelligenz. In seinem ursprünglichen Kontext musste er selbst entscheiden, wie auf eine Wolfsbegegnung zu reagieren war. Das züchtet man nicht in wenigen Generationen weg. Er ist ressourcenverteidigend und territorial – das ist genetisch verankert und darf nicht unterschätzt werden. Eine Herde, das Sofa, das Haus, Herrchen und Frauchen: Das können Ressourcen sein, die er verteidigt. Bei Stress verstärkt sich dieses Verhalten. Bei konsequenter Förderung von Bindung und klarer, freundlicher Führung ist es gut handhabbar – aber es bleibt als Anlage immer vorhanden.

Er bindet sich tief an seine Bezugspersonen – und braucht Zeit, um neuen Menschen zu vertrauen. Fremden gegenüber ist er grundsätzlich misstrauisch, nicht aggressiv. Einmal aufgenommen in seinen Vertrauenskreis, ist er die Wärme selbst.

Aktivitätslevel – nicht hochintensiv, aber raumgreifend

Der Kangal ist kein Hochleistungssportler. Er ist kein Hund, der täglich stundenlangen Hundesport braucht. Was er braucht: Raum, eine Aufgabe, eine Herde oder ein definiertes Territorium, und den Kontakt zu seinen Bezugsmenschen. Arbeitende Kangals sind ausdauernd, aber ihr natürliches Bewegungsmuster ist Patrouillieren und Beobachten – nicht Sprinten.
Als Privathund ohne Herde braucht er großzügig eingezäuntes Gelände (mindestens 1,80 Meter hoch, untergraben gesichert), tägliche ausgedehnte Spaziergänge und Beschäftigung, die seinem Schutztrieb einen sinnvollen Rahmen gibt. Er ist keine Stadthundrasse. Ländliche Umgebung, ruhige Nachbarschaft, Platz – das sind keine Wünsche, das sind Voraussetzungen.
Das Fell ist für Extremklima ausgelegt: heiße Sommer und Winter bis minus 40 Grad – sein natürliches Habitat. Die dichte Unterwolle macht ihn wetterunempfindlich. Im Fellwechsel haart er erheblich.

Schutzhund der Herde – Sozialverhalten

Mit seiner eigenen Herde und Familie ist der Kangal ein ruhiger, geduldiger, zutiefst loyaler Begleiter. Er ist sensibel für die Stimmungen seiner Bezugspersonen, sucht deren Nähe, ist – hat man sein Vertrauen gewonnen – außergewöhnlich zugewandt und herzlich.
Mit Artgenossen arbeitet er in Teams gut zusammen, sofern die Gruppenzusammenstellung stabil ist. Neue Hunde werden kritisch beäugt und müssen sich bewähren.
Fremden Menschen gegenüber ist er reserviert bis misstrauisch. Diese Eigenschaft ist rassetypisch und nicht wegzuerziehen. Sie muss durch Sozialisierung, klare Führung und frühes Gewöhnen an verschiedene Menschen und Situationen in sinnvolle Bahnen gelenkt

werden – niemals durch Druck oder Strafe. Wichtig für Interessenten: In Deutschland steht der Kangal in Hamburg und Hessen auf der Rasseliste. Eine Haltungserlaubnis ist dort erforderlich. Die Haltungsanforderungen sind hoch; eine Vermittlung scheitert häufig an fehlenden räumlichen Voraussetzungen oder mangelndem Wissen über Herdenschutzhunde. Wer einen Kangal aus dem Tierschutz aufnehmen möchte, sollte sich intensiv vorbereiten und einen Verhaltensberater mit Herdenschutzhund-Erfahrung einbeziehen.

Was du mit ihm erleben kannst – Aktivitäten

Der Kangal ist in seinem natürlichsten Element, wenn er arbeitet – als Herdenschutzhund auf einem Weidebetrieb, im Zweier- oder Dreierteam mit anderen Kangals. Schäfereien, die Kangals einsetzen, berichten von erheblicher Wirkung bereits durch die reine Präsenz der Hunde.
Als Privathund ohne Herde braucht er ausgedehnte Spaziergänge mit Kontrollierbarkeit an der Leine. Freier Auslauf ist nur auf gesichertem Gelände möglich. Mantrailing und Nasenarbeit können als ergänzende Beschäftigung funktionieren – sie nutzen seine Intelligenz und geben Arbeitseinsatz ohne den Aktivierungsgrad zu erhöhen. Übermäßige Stimulation ist kontraproduktiv.
Kurse und Seminare bei Herdenschutzhunde-Spezialisten (z. B. DOG-InForm) sind für jeden Kangal-Halter empfehlenswert – nicht als Luxus, sondern als Pflichtkomponente einer verantwortungsvollen Haltung.

Genau dein Typ? – Für wen der Kangal passt

Der Kangal passt zu Menschen mit Erfahrung in der Hundehaltung – idealerweise mit Erfahrung in der Haltung schutztriebstarker Rassen. Er passt zu Menschen, die bereit sind, Zeit und Energie in den Aufbau einer echten Bindung zu investieren, ohne schnelle Ergebnisse zu erwarten. Er passt zu Schäfern, Landwirten und Weidebetrieben, die professionellen Herdenschutz suchen.
Als Privathund passt er zu Menschen auf dem Land, mit großem Grundstück, ohne kleinkindreiche Nachbarschaft, mit dem nötigen Hintergrundwissen – und mit der Geduld, einer alten Seele auf Augenhöhe zu begegnen.
Er passt nicht zu Ersthundehaltern. Nicht zu Menschen, die einen kuschligen Großhund suchen, der einfach mitläuft. Nicht in Einzimmer-Stadtwohnungen, kleine Gärten oder dichte Wohngebiete. Und nicht zu Menschen, die glauben, Größe und Imponanz seien ein Persönlichkeitsersatz.
Wer aber die Bereitschaft mitbringt, sich als zuverlässiger, fairer und verständnisvoller Partner zu beweisen – und wer versteht, dass dieser Hund seit Jahrtausenden Entscheidungen getroffen hat, die Leben und Tod bedeuteten – der bekommt in einem Kangal einen Begleiter, der seinesgleichen sucht: treu, mutig, weise. Eine echte alte Seele.

Aktivitätstyp: B-C / Charaktertyp: A

Steckbrief und Geschichte

Mini-Steckbrief

FCI-Gruppe: 2;
Ursprungsland: Schweiz;
Schulterhöhe: Rüden 74–81 cm, Hündinnen 71–77 cm
Gewicht: Rüden bis 65 kg, Hündinnen bis 50 kg;
Alter: 10–13Jahre

BERNER SENNENHUND

Einmal in seiner Familie angekommen, geht er durch dick und dünn – wobei sein direktes Auftreten das Gegenüber bisweilen im wahrsten Sinne des Wortes umwirft.

Gemütlich, ausdauernd, familienverbunden – was dieser Hund liebt

Der Berner Sennenhund ist kein Hochleistungsathlet. Das wird er selbst nicht anstreben, und es wäre falsch, es von ihm zu erwarten. Was er ist: ein ausdauernder, bodenständiger Arbeitshund, der seine Stärke in der Verlässlichkeit entfaltet, nicht in der Geschwindigkeit. Auf dem Laufband trabt er Schritt und Trab – gern, entspannt, kompetent. Im Gelände hält er lange durch. An der Seite seiner Familie ist er ausdauernd präsent. Was er liebt: seine Menschen. Immer um sie herum sein, mitmachen, dabei sein. Der Bernie – wie er liebevoll genannt wird – ist ein Hund, der Familienanschluss nicht als Beiwerk betrachtet, sondern als Grundbedürfnis. Wer sich entfernt, wird durch freundliches Anstupsen zurückbeordert. Wer auf einem Spaziergang zu weit läuft, wird eingeholt. Das ist keine Kontrolle, das ist Fürsorge. Wanderungen, ausgedehnte Geländeausflüge, Schwimmen (viele lieben kühles Nass mit Begeisterung), Zughundesport auf Freizeitlevel, Mantrailing, Fährtenarbeit – er ist für vieles zu haben. Was er nicht ist: ein Joggingbegleiter oder Fahrradpartner. Für Dauerläufe mit schnellem Tempo ist er nicht gebaut, und es wäre seinem Gelenksapparat gegenüber auch nicht fair. Als Therapiehund zeigt er in geeigneten Kontexten echte Stärken: seine ruhige Präsenz, die emotionale Zugänglichkeit und sein feines Gespür machen ihn zu einem angenehmen Begleiter in sensiblen Situationen.

Gutmütig, weise und ein bisschen stur – Charakter

Der FCI-Standard beschreibt den Berner Sennenhund als gelassen, furchtlos, wachsam, gutmütig, freundlich, friedlich und sehr anhänglich gegenüber seiner Familie – mit mittlerem Temperament und einer Portion Eigenständigkeit. Das trifft es gut. Er ist intelligent und neugierig – und er setzt diese Intelligenz pragmatisch ein. Hat er eine Aufgabe, führt er sie bereitwillig aus, aber gern selbstständig. Kann er den Sinn einer Anweisung nicht nachvollziehen, ignoriert er sie liebenswürdig. Das ist kein Trotz, das ist Pragmatismus vom Berg. Blindes Ausführen von Kommandos war nie sein Zuchtziel – er war dazu da, Eigeninitiative zu zeigen, wenn der Schäfer gerade nicht hinsah. Humorvoll, harmoniebedürftig, manchmal verspielt wie ein Clown – der Bernie ist ein Hund, der seiner Familie gut gelaunt durch den Tag folgt. Er bringt in das ernsteste Gesicht ein Lächeln. Das ist weder Übertreibung noch Marketing, das ist eine sehr konkrete Eigenschaft dieser Rasse. Wachsamkeit ist vorhanden: Fremde werden zunächst mit kurzem Bellen angekündigt, dann abgewartet und beobachtet. Hat man sein Vertrauen gewonnen, öffnet er sich. Jagdtrieb ist bei den meisten Bernern kaum ausgeprägt.

Aktivitätslevel – ausdauernd, aber kein Sportfanatiker

Der Berner Sennenhund braucht Bewegung – aber nicht Hochleistung. Tägliche ausgedehnte Spaziergänge und Wanderungen sind ideal. Kürzere, intensive Sporteinheiten sind weniger sein Ding. An kühlen Tagen ist er deutlich lebhafter als an warmen; das Fell macht Hitze zur Belastung, die man ernst nehmen muss. Für kopfmäßige Auslastung ist er gut zu gewinnen: Fährtenarbeit, Nasenarbeit, Zughundesport auf entspanntem Niveau. Agility oder andere Schnellsportarten sind keine natürliche Heimat für ihn. Der Bernie ist ein Geher, kein Sprinter. Sein Körpergewicht und seine Größe machen das Übergewichtsmanagement wichtig. Viele Berner sind ausgezeichnete Futterverwerter – Gewichtskontrolle gehört zur Haltungsroutine. Hitzeschutz an warmen Tagen ist keine Vorsichtsmaßnahme, sondern Pflicht.

Der sanfte Riese im Familienalltag – Sozialverhalten

Mit seiner Familie ist der Berner ein herzlicher, anhänglicher, manchmal vereinnahmender Begleiter. Er möchte immer in der Nähe sein – im Restaurant genauso problemlos wie auf dem Sofa. Seine ruhige, gemütliche Art macht ihn trotz seiner Größe zu einem überraschend unauffälligen Begleiter in der Öffentlichkeit.
Mit Kindern zeigt er echte Sensibilität: Er spielt kraftvoll mit denen, die das wollen, und geht vorsichtig mit den Kleinen um. Sein Körpermaß – bis 70 cm Schulterhöhe, bis 50 kg – erfordert aber Aufmerksamkeit: Stürze passieren unbeabsichtigt. Die direkte Art kann im wahrsten Sinne des Wortes umwerfen.
Andere Hunde akzeptiert er in der Regel gut. Sein Körpergewicht setzt er gelegentlich einmal ein, um sich Raum zu verschaffen – das kann beim Führen an der Leine zum Thema werden. Frühes Leinentraining ist daher besonders wichtig.
Wasser und Matsch liebt er. Die Pfotenabdrücke im Wohnzimmer danach ebenso wenig wie sein Mensch. Das muss man wissen.

Was du mit ihm erleben kannst – Aktivitäten

Der Bernie begleitet zuverlässig – und das über lange Strecken und durch unterschiedlichstes Gelände. Wanderungen sind seine Paradedisziplin: Er geht gern, er geht ausdauernd, er genießt das Draußensein.
Zughundesport auf entspanntem Niveau ist historisch fundiert und macht ihm Freude, wenn er richtig eingeführt wird. Entsprechende Seminare helfen beim Einstieg. Mantrailing und Fährtenarbeit nutzen seinen Verstand. Schwimmen ist sanft für die Gelenke und macht vielen Bernern echten Spaß. Ausstellungen zeigen seine würdevolle Erscheinung. Als Therapiehund in ruhigeren Kontexten, als Begleitperson für ältere oder gebrechliche Menschen, als Familienhund im besten Sinne – er erfüllt viele Rollen mit derselben gutmütigen Verlässlichkeit. Was er nicht braucht: intensive Sportrunden, dauerhaftes Jogging, Fahrradbegleitung über lange Strecken. Was er definitiv braucht: Familienkontakt, Bewegung täglich, und Schutz vor Hitze.

Genau dein Typ? – Für wen der Berner Sennenhund passt

Der Berner passt zu Menschen, die Größe, Gemütlichkeit und Herzlichkeit mögen – und die gleichzeitig verstehen, dass ein großer Hund erzogen werden muss, egal wie gutmütig er wirkt. Er passt zu Familien mit Platz, zu ländlichen oder zumindest ruhigen städtischen Umgebungen, zu Menschen, die aktiv, aber nicht leistungssportlich veranlagt sind.
Er passt zu Kindern, die mit einem ruhigen, feinfühligen Hund aufwachsen sollen. Er passt zu Menschen, denen Hundespuren auf dem Parkettboden egal sind und die Haare auf der Kleidung als Zubehör betrachten.
Er passt nicht zu dir, wenn du einen leistungssportlichen Hund suchst. Nicht, wenn du in einer kleinen Wohnung ohne Auslauf lebst. Nicht, wenn du Sommer als Hauptjahreszeit bevorzugst und deinen Hund überall mitbekommst. Und nicht, wenn die Erwartung an seine Lebenserwartung eine für die Größe ungezielt optimierte Zuchtwahl ist – Gesundheit sollte bei der Wahl des Züchters oberstes Kriterium sein.
Wer aber einen Hund möchte, der mit einem Lächeln durch die Wohnung tapst, der seine Familie zusammenhält, Gäste freundlich beäugt und am Ende des Tages mit warmem Blick fragt, was das nächste Abenteuer wird – der findet im Berner Sennenhund einen wahrhaft guten Freund.

Aktivitätstyp: C / Charaktertyp: B

Steckbrief und Geschichte

Mini-Steckbrief

FCI-Gruppe: 2;
Ursprungsland: Italien;
Schulterhöhe: Rüden 64–68 cm, Hündinnen 60–64 cm
Gewicht: Rüden 45–50 kg, Hündinnen 40–45 kg;
Alter: 9–12 Jahre

CANE CORSO ITALIANO

Einst Soldat Roms, dann Hüter süditalienischer Bauernhöfe, fast ausgestorben und wiedergeboren – dieser athletische Koloss ist verblüffend vielseitig, tief loyal und unter seiner rauen Schale erstaunlich sensibel.

Multitalent mit Meinung – was dieser Hund liebt und braucht

Der Cane Corso ist kein Hund für die Galerie. Er ist ein Gebrauchshund mit einer Jahrhunderte alten Arbeitsgeschichte und einem entsprechend tiefen Bedürfnis nach sinnvoller Tätigkeit. Was er liebt: mit seinem Menschen zusammenzuarbeiten. Mantrailing, Fährtenarbeit, Unterordnung bis ins Obedience – er bringt für all das echtes Interesse und eine Zuverlässigkeit mit, die ihn als Partner auszeichnet. Im Polizeidienst und als Rettungshund ist er dokumentiert im Einsatz. Dabei braucht er Zeit für seinen eigenen Stil. Er philosophiert über Kommandos, koordiniert seine großen Gliedmaßen bedächtig und lässt sich von schnöden Leckerchen nicht immer aus der Reserve locken. Wer seine Vorlieben kennt – euphorisches Lob, ein Zerrspielzeug, bedürfnisorientierte Belohnung – bekommt einen motivierten Mitarbeiter.
Ausgiebige Spaziergänge sind ein Muss. Seinen Bewegungsdrang unterschätzen wäre ein Fehler – der stattliche Athlet kann durchaus weite Strecken zurücklegen und überrascht mit Reaktionsgeschwindigkeit, die seinem Körperbau nicht anzusehen ist. Was er nicht braucht: Isolation. Einsamkeit und ungerechte Behandlung erträgt er schlecht.

Loyal, sensibel, eigensinnig – Charakter

Im Kreise seiner Familie zeigt der Cane Corso ein Gesicht, das viele überrascht: anhänglich, gutmütig, ausgeglichen und von einer Zuneigung, die er charmant wie nachdrücklich einfordert. Sein eigener Schoß erscheint ihm bisweilen als idealer Liegeplatz für 45 Kilo Hund – die Frage nach dem Komfort stellt sich dabei nur für den Menschen. Hinter dieser Wärme steckt ein sensibler Kern. Sozialer Druck, unklare Führung oder grobe Behandlung bewirken, dass er sich dauerhaft verschließt. Liebevolle Konsequenz und klare Kommunikation sind keine Option, sondern Grundvoraussetzungen. Wer diese Spielregeln hält, bekommt einen arbeitsfreudigen, gelehrsamen und zuverlässigen Partner.
Er ist ein ausgeprägter Individualist mit gelegentlich eigensinniger Persönlichkeit. Bellen lässt er sich eher selten herab – dafür waren auf dem Bauernhof andere Hunde zuständig. Erhebt er seine Stimme, klirrt das Geschirr in den Regalen.

Aktivitätslevel – Körperliche Reife braucht Zeit

Als spätreife Rasse kann der Cane Corso bis zu drei Jahren Phasen der Unsicherheit zeigen. Plötzliche Veränderungen in seiner Umgebung nimmt der junge Hund dann oft gruselig wahr. Die Pubertät verläuft turbulent und wiederholt sich in Wellen – bereits Erlerntes muss in diesen Phasen geduldige Wiederholung bekommen.
Er braucht ein mittleres bis höheres Bewegungspensum, abhängig von Alter und Gesundheitszustand. Körperliche und geistige Auslastung gehören gleichermaßen dazu. Der erwachsene, gut ausgelastete Cane Corso ist ein gelassener, ruhiger Hausgenosse – kein Stürmischer, der ständig Aktion braucht. Seinen Bewegungsdrang trotzdem nicht unterschätzen.

Das kurze Fell mit geringer Unterwolle ist pflegeleicht: ein Handschuh genügt.

Familienmitglied mit Schutztrieb – Sozialverhalten

Mit seiner Familie und seinen Bezugspersonen ist der Cane Corso von loyaler, tiefer Zuneigung. Mit Kindern und anderen Haustieren kommt er meist gut aus – eine gewisse Widerstandsfähigkeit des menschlichen Umfelds ist angesichts seiner nicht immer filigranen Motorik hilfreich.
Fremden gegenüber verhält er sich reserviert und skeptisch, in manchen Situationen auch verteidigungsbereit. Das ist rassetypisches Wächterverhalten, das durch gute Erziehung und frühe Sozialisation in alltagstaugliche Bahnen gelenkt werden muss. Mit anderen Hunden ist er bedingt verträglich – er misst sich gern, und seine Körpersprache ist deutlich. Grundlose Aggressionen sind einem gut sozialisierten Cane Corso fremd. Probleme ent-

stehen fast immer durch mangelnde Führung, fehlende Sozialisation oder Haltungsfehler.

Besondere Größe auch bei Aufgaben – Aktivitäten

Der Cane Corso eignet sich als Wach- und Schutzhund, Fährten- und Rettungshund sowie – bei entsprechender Haltung – als Familienhund mit ausgeprägtem Schutzinstinkt. Unterordnung und Obedience sind mit ihm möglich und machen vielen Rassevertretern echte Freude. Mantrailing und Fährtenarbeit entsprechen seiner ursprünglichen Nasenleistung. Auch im Stadtleben kann er glücklich sein – mit engem Familienanschluss, angemessener Auslastung und konsequenter Führung.

Genau dein Typ? – Für wen der Cane Corso passt

Der Cane Corso passt zu erfahrenen Hundeleuten, die einen Gebrauchshund mit Geschichte und Persönlichkeit suchen – und die die Geduld mitbringen, ihm seine eigene Reifungszeit zu gönnen. Er passt zu Menschen mit gesundem Selbstbewusstsein, klarer Kommunikation und dem Wunsch nach einem tief loyalen Begleiter. Er passt nicht zu Ersthundehaltern ohne Erfahrung in der Haltung großer Gebrauchshunde. Nicht zu Menschen, die mit Druck und Härte arbeiten. Nicht zu Haushalten ohne Garten oder ausreichend Bewegungsmöglichkeiten. Und nicht zu Menschen in Bundesländern oder Kantonen mit geltender Rasseliste, die die Auflagen nicht erfüllen können. Wer ihn aber richtig hält, bekommt das, wofür sein Name steht: Stärke und Treue – und am Abend einen 45-Kilo-Hund auf dem Schoß.

Aktivitätstyp: B / Charaktertyp: A

Steckbrief und Geschichte

Mini-Steckbrief

FCI-Gruppe: 2;
Ursprungsland: Deutschland;
Schulterhöhe: Rüden 61–68 cm, Hündinnen 56–63 cm;
Gewicht: Rüden ca. 50 kg, Hündinnen ca. 42 kg;
Alter: 8–10/12 Jahre

ROTTWEILER

Muskelbepackt, verkannt und häufig missverstanden – dabei ist er einer der vielseitigsten, loyalsten und sanftmütigsten Arbeitshunde, den Deutschland hervorgebracht hat. Höchste Zeit für Rückendeckung.

Arbeiter, Beschützer, Kuschler – was dieser Hund liebt

Als Bono im bayerischen Lappersdorf im Sommer pubertierend einer Schwanenfamilie in den Teich folgte, schrieb manches Boulevard-

Blatt von einem Schwanenmassaker. Es war ein Jungspund, der paddelnden Vögeln hinterherschwamm. Dass daraus eine Schlagzeile wurde, erzählt alles über das Image-Problem des Rottweilers. Wäre es ein Labrador gewesen – kaum jemand hätte es erwähnt.
Was der Rottweiler wirklich liebt: seinen Menschen. Aufgaben haben. Arbeiten. Er ist ein Gebrauchshund durch und durch – das steckt tief in seinem Ursprung und tief in seiner Anlage. Mantrailing, Rettungshundarbeit, Schutzdienstsport, Fährtenarbeit, Therapiehundarbeit, Dummytraining, Zollhundarbeit – er kann und will alles davon, sofern er die richtigen Menschen hat.
Er liebt Körperkontakt. Er liebt sein Sofa. Mit flatternden Ohren um das Herrchen herumspringen nach einer Belohnung, stundenlang kuscheln – das ist der Rottweiler, den seine Menschen kennen. Er ist ein Hund mit außergewöhnlicher Bandbreite: von der ernsthaften Arbeitsmaschine zum übermütigen Kindskopf in einem Atemzug.

Nervenstark, selbstbewusst, loyal – Charakter

Der FCI-Standard beschreibt den Rottweiler als gutartig, ruhig veranlagt, nicht nervös oder aggressiv, sicheres Auftreten, mutig und zeigt willige, anpassungsfähige Mitarbeit. Was der Standard damit meint: Der ideale Rottweiler ist selbstsicher ohne Nervosität, gelassen ohne Stumpfheit, wachsam ohne Aggressivität.
Er bindet sich eng an eine Bezugsperson – der klassische Ein-Mensch-Hund. Diese Bindung ist intensiv und tief; andere Familienmitglieder werden ebenfalls geliebt, aber die primäre Verbindung ist spezifischer. Das ist kein Nachteil, sondern Wesenstypik, die man kennen und schätzen sollte.
Er ist selbstbewusst bis eigenwillig. Wenn er etwas nicht versteht, wenn er sich ungerecht behandelt fühlt, wenn Führung inkonsistent ist – dann kann er nachtragend sein und stur reagieren. Konsequenz, Klarheit und Fairness sind keine Optionen, sondern Grundvoraussetzungen für eine gelungene Beziehung. Gerade Rüden sind häufig ernsthafter im Auftreten und brauchen erfahrene Menschen.
Seine Schutztriebanlage ist vorhanden und wird von guten Züchtern sorgsam selektiert – weder überzüchtet noch weggezüchtet. In falschen Händen oder bei mangelnder Führung kann diese Anlage zu Problemen führen. In richtigen Händen macht sie ihn zu einem zuverlässigen Wächter mit Menschenkenntnis.

Aktivitätslevel – hoch, vielseitig, gebrauchshundtypisch

Der Rottweiler ist kein Hund für eine Runde um den Block. Er braucht täglich intensive körperliche und geistige Beschäftigung.
Als Gebrauchshund gibt er alles, wenn er eine Aufgabe hat – und leidet erkennbar, wenn ihm keine gegeben wird. Dann gräbt er Gärten um, jagt Autos oder entwickelt problematische Verhaltensmuster.
Er ist ausdauernd und belastbar. Kälte macht ihm wenig aus, Hitze eher schon. Das kurze Stockhaar braucht regelmäßiges Bürsten – pflegeleicht, aber nicht vernachlässigbar.

Loyal nach innen, wachsam nach außen – Sozialverhalten

Mit seiner Familie ist der Rottweiler herzlich, anhänglich und von einer zugewandten Freundlichkeit, die Außenstehende überrascht. Mit Kindern kommt er bei guter Sozialisation gut aus; seine Körperkraft erfordert aber aktive Aufsicht, besonders bei kleinen Kindern.
Fremden gegenüber ist er zunächst abwartend und kritisch – nicht aggressiv, aber auch nicht aufdringlich freundlich. Das ist rassetypisches Wächterverhalten, das durch gute Erziehung in akzeptable Bahnen gelenkt werden muss.
Mit anderen Hunden – besonders in Begegnungssituationen unter Fremden – muss das Verhalten aktiv trainiert sein.

Hunde aus sportlichen Linien zeigen starkes Interesse an Bewegungsreizen, was Beutefangverhalten auslösen kann.
Als Rettungshund, Mantrailer, Therapiehund und Assistenzhund zeigt er dokumentierte, außergewöhnliche Stärken. Sein Einfühlungsvermögen – Krebsdiagnosen anzeigen, Schwangerschaften registrieren – ist historisch und wissenschaftlich dokumentiert. Sein Einsatz in der Physiotherapie von Wachkomapatienten und als Diabetikerwarnhund ist realistisch und bereits praktiziert.

Was du mit ihm erleben kannst – Aktivitäten

Der Rottweiler ist einer der vielseitigsten Gebrauchshunde Deutschlands. Vielseitigkeitssport (IPO/IGP), Schutzdienst, Mantrailing, Rettungshundearbeit (Fläche, Trümmer, Bunker), Fährtenarbeit, Dummytraining, Zollhundearbeit – er zeigt in allen diesen Bereichen Eifer und Zuverlässigkeit. Als Therapiehund und Assistenzhund (Diabetes, neurologische Erkrankungen, Wachkomapatienten) zeigt er außergewöhnliche Stärken, die zu wenig bekannt sind. Als Besuchshund in Seniorenheimen bringt er Menschen zum Lächeln. Als Familienbegleiter auf Wanderungen, beim Dummytraining oder im Schutzhundesport ist er ein zuverlässiger, loyaler Partner.

Genau dein Typ? – Für wen der Rottweiler passt

Der Rottweiler passt zu erfahrenen, souveränen Menschen mit gesundem Selbstbewusstsein und der Bereitschaft zu konsistenter, klarer Führung. Er passt zu Hundesportbegeisterten, zu Rettungshundeführern, zu Menschen mit Interesse an Therapiehundearbeit. Er passt zu Familien mit Erfahrung in der Haltung von Gebrauchshunden. Er passt zu Menschen, die einen tief bindenden, loyalen Hund schätzen und wissen, dass sein Image und

sein Wesen zwei verschiedene Dinge sind. Er passt nicht zu Ersthundehaltern ohne fachkundige Begleitung. Nicht zu Menschen, die Größe und Präsenz als Ersatz für Führung betrachten. Nicht zu Menschen in Bundesländern mit Rasseliste, die die Auflagen nicht dauerhaft erfüllen können. Und er passt nicht zu Menschen, die glauben, er sei das, was man aus ihm im falschen Kontext macht. Er ist das, was er in richtigen Händen wird: ein verkannter Held. Ein Hund, der für seinen Menschen buchstäblich alles gibt – und in einem Teich schwimmt, wenn Schwäne ihn dazu einladen.

Aktivitätstyp: B / Charaktertyp: A

Steckbrief und Geschichte

Außerdem: Portraits Continental Bulldog, Dobermann, Leonberger & Schweizer Sennenhund

5.3 RETRIEVER & JAGDHUNDE – DIE PROFIS AUF DER SPUR

Nase, Herz & Einsatzfreude

Mitdenken, suchen, bringen – für aktive Menschen, die Aufgaben mitgestalten gibt es keinen bessern Typ.

Kaum eine Gruppe hat sich so nahtlos vom Arbeitstier zum Liebling verwandelt – und das aus gutem Grund. Retriever und Jagdhunde sind kooperativ, lernbereit und von einer Begeisterungsfähigkeit, die ansteckend ist. Aber: Sie haben echten Arbeitseifer geerbt! Wer ihnen eine Aufgabe gibt – ob auf der Jagd, im Dummysport oder der Nasenarbeit – bekommt einen Partner, der im wahrsten Sinne alles mitbringt.

Das Empfangskomitee in **Nadia Winters** Hundehotel ist hundertprozentig retrieverlastig. Was sie von diesen hält:

„Typisch Retriever: Entertainer mit eingebautem Apportierverhalten"

Charlie – der Hund, der alles veränderte
Zu den Retrievern bin ich wirklich wie die Jungfrau zum Kind gekommen. Ich war zunächst eher in der Welt der Kangals, Mischlingshunde und Schäferhunde unterwegs. Labrador oder Golden Retriever – hätte mich jemand vor 25 Jahren gefragt, hätte ich gesagt: Um Gottes willen, nein.

In meiner Welpengruppe waren damals einige Labradore, und besonders ein großer weißer Rüde fiel mir auf. Er war nicht ganz gesund, zeigte ausgeprägtes Bellverhalten und suchte immer wieder aktiv soziale Interaktion mit seiner Bezugsperson. Eines Tages rief sie an: Sie wollte ihn einschläfern lassen, hatte schon einen Termin. Ich sagte ihr, sie soll ihn zu mir bringen – ich würde schauen, ihn weiterzuvermitteln.
Aus dem Weitervermitteln wurde nichts. Meine Kangalhündin verliebte sich knallhart in diesen Hund. Beim Labrador war sie locker, lustig, entspannt – bei einem Husky oder Schäferhund machte sie sofort ihren Job. Dieser Unterschied hat mich nachdenklich gemacht.
Charlie wog 40 Kilo, ohne dick zu sein. Er kam aus einer günstigen Zucht, hatte massive Gelenkprobleme und wurde von einem Tierarzt auf weniger als ein Jahr Lebenserwartung geschätzt. Wir haben die Vordergelenke operieren lassen und mit intensivem Minddog-Training begonnen: Kopfbeschäftigung, Orientierungsübungen, Balancetraining. Kein klassisches Dummy-Training, das wäre für seine Gelenke nicht gut gewesen – und er war ohnehin kein Freund des Apportierens. Tatsächlich hat er nie etwas apportiert. Er wurde 14 Jahre alt.
Durch dieses Training entwickelte Charlie eine fantastische Orientierung zu mir, ein feines Körpergefühl und eine stabile Fähigkeit, mit innerer Spannung umzugehen. Er war ein ruhiger, sicherer Hund – nicht trotz, sondern wegen dieser anderen Art der Beschäftigung.

Nadia Winter ist Hundetrainerin und führt seit vielen Jahren ein Hundehotel. Sie entwickelte das sogenannte Minddog-Training und arbeitet mit einem bindungsorientierten, körperbewussten Ansatz. Zu den Retrievern kam sie durch einen Labrador, der sie – trotz anfänglicher Skepsis – für diese Rasse gewann.

Kooperationsbereitschaft – was Retriever wirklich ausmacht

Das zeigt schon, worum es beim Retriever im Kern geht: Die hohe Orientierung am Menschen. Der Wille, dem Menschen zu zuarbeiten, mit ihm zu kooperieren, für ihn da zu sein. Das ist über sehr viele Generationen hinweg selektiert worden und sitzt tief. Meine Retriever wären – wenn sie könnten – die ersten, die mir das Frühstück ans Bett brächten.
Gleichzeitig darf man nicht vergessen: Es gibt nicht den einen Retriever. Da ist der Golden Retriever, der Labrador, der Flatcoated Retriever, der Curly Coated Retriever, der Nova Scotia Duck Tolling Retriever, der Chesapeake Bay Retriever. Jeder hat seine Eigenheiten.
Der Curly Coated Retriever zum Beispiel ist der große Individualist unter den Retrievern. Mit den kleinen Locken, oft in Rot, manchmal etwas geheimnisvoll – eine echte Wasserratte, sehr ausdauernd in der Arbeit, kein Mainstream-Retriever. Der möchte wirklich gearbeitet werden. Ähnlich der Flatcoated Retriever:

Ich hatte unlängst eine Züchterin zu Besuch mit ihren Flats, und man hat die Hunde kaum gehört – weil sie wirklich mit ihnen arbeitet. Macht man das nicht, sieht man schnell, dass diese Retriever unruhig werden, bellen, Aufmerksamkeit fordern.

Show- oder Arbeitslinie – ein riesiger Unterschied

Dann gibt es natürlich den Unterschied zwischen Show- und Arbeitslinie, der auch bei Retrievern erheblich ist. Mein Charlie aus der Showlinie war ein ruhiger, verschmuster Kumpan – „Ich liebe dich über alles und möchte bei dir sein." Mein aktueller Labrador aus der Arbeitslinie ist etwas komplett anderes: ein Hund, bei dem über viele Generationen hinweg Eigenschaften wie Arbeitsbereitschaft, Reaktionsschnelligkeit und hohe Aktivierung selektiert wurden.

Was Retriever aus der Arbeitslinie sehr häufig zeigen: Sie sind auf ihren Menschen fokussiert, wollen mit ihm arbeiten, für alle Aufgaben bereit sein – aber andere Hunde interessieren sie dabei kaum.

Und dann gibt es noch etwas, was viele überrascht: Retriever sind keine Garanten für perfektes Apportieren. Retrieve bedeutet „zurückbringen" – aber es gibt Retriever, die das schlicht nicht tun wollen. Mein Charlie hat nie apportiert. Das ist kein Abgabegrund. Und wer darauf angewiesen ist, sollte das vorher mit der Züchterin besprechen.

Allround-Talente – was man mit Retrievern alles machen kann

Was alle Retriever eint: Sie sind Allround-Talente. Nasenarbeit, Wasserarbeit, Wandern, Tricks zu Hause, Therapiehundearbeit, Schulhundearbeit, Mantrailing, Dummy-Training – Viele Retriever zeigen eine hohe Bereitschaft, sich auf unterschiedliche Aufgaben einzulassen, insbesondere wenn diese in sozialer Zusammenarbeit mit dem Menschen stattfinden. Meine Hündin Maggie sucht mir regelmäßig mein Handy. Und bringt mir automatisch Tempotaschentücher, sobald ich niese.

Was man wissen muss: Retriever sind nicht der Hund, der sagt „Alles gut, ich lege mich in die Ecke." Sie schauen, ob man nicht vielleicht doch etwas zusammen machen könnte. Wer sie acht bis zehn Stunden täglich allein und unbeschäftigt lässt, produziert genau das, was man draußen oft sieht: einen bellenden, aufmerksamkeitssuchenden Retriever. Das hat nichts mit der Rasse zu tun – das hat mit wenig qualitätsvoller Beschäftigung und Erziehung zu tun.

Beschäftigung heißt aber nicht 24 Stunden Agility. Beschäftigung muss gut durchdacht und dosiert sein. Wer das beherzigt, hat einen sagenhaft angenehmen Begleiter.

Interview mit Nadia Winter

Mini-Steckbrief

FCI-Gruppe: 8;
Ursprungsland: Canada/Großbritannien;
Schulterhöhe: Rüden 56–57 cm, Hündinnen 54–56 cm;
Gewicht: Rüden 29–36 kg, Hündinnen 25–32 kg;
Alter: 10–12 Jahre

LABRADOR RETRIEVER

Von Grund auf sympathisch, von Natur aus arbeitswillig – kaum eine andere Rasse ist so tief in eine Symbiose mit dem Menschen eingetaucht wie der Labrador Retriever.

Apportieren, suchen, helfen – was dieser Hund liebt

Der Labrador Retriever liebt Menschen. Das ist kein Slogan, das ist Biologie: Jahrzehntelange Selektion auf Kooperationsbereitschaft, Menschenorientierung und Arbeitsfreude hat einen Hund hervorgebracht, der im Zusammenwirken mit dem Menschen buchstäblich aufblüht. Was er am liebsten tut: etwas bringen. Apportieren ist für den Labbi keine trainierte Verhaltensweise, sondern intrinsische Motivation – er tut es, weil er es liebt. Das Dummytraining imitiert die jagdliche Arbeit nach dem Schuss in drei Elementen: Beim Markieren beobachtet er, wo ein Objekt landet, und arbeitet dann die Flugbahn und Distanztiefe aus dem Gedächtnis ab – eine echte kognitive Leistung. Beim Einweisen lässt er sich aus der Ferne per Pfiff oder Handzeichen dirigieren und steuert ein zugewiesenes Gelände auch ohne eigene Sichtinformation ab. Bei der Freiverlorensuche sucht er systematisch und eigenständig nach einem versteckten Dummy – eine Nasenspitzenleistung, die in der Jagdpraxis der Suche nach angeschossenem Wild entspricht. Diese drei Elemente machen die Dummyarbeit nie langweilig – und erklären, warum engagierte Dummysportler fast zwangsläufig bei einem Retriever landen. Das Apportieren ist bei dieser Rasse so tief verankert, dass der Trainingsaufwand für jedes Niveau mehr vergleichsweise niedrig ist. Darüber hinaus liebt er Wasser – jedes Wasser, in jeder Temperatur, zu jeder Jahreszeit. Die anatomischen Voraussetzungen seines neufundländischen Vorfahren sind geblieben: wasserabweisendes Fell, Schwimmhäute zwischen den Zehen, die kräftige „Otterrute“ als Steuerruder.

Will-to-please und kleiner Rechthaber – Charakter

Der FCI-Standard beschreibt den Labrador Retriever als gutmütig, lenkbar und eifrig. Gutmütig trifft es gut: Er ist von einer sozialen Offenheit, die keine Ausnahmen kennt. Fremde Menschen, andere Hunde, Kinder, Katzen – er begegnet allem mit derselben entspannten Herzlichkeit. Wer einen Wachhund sucht, ist beim Labbi falsch.

Der Will-to-please ist das zweite Markenzeichen: der Wunsch, seinem Menschen zu gefallen. Er sucht Augenkontakt, er liest Körpersprache, er antizipiert Wünsche. Das macht ihn zur idealen Grundlage für Assistenz-, Rettungs- und Therapiehundearbeit. Gleichzeitig gibt es den anderen Typ: den kleinen Rechthaber. Nicht alle Labbis sind in gleicher Weise gefügig. Manche – besonders aus Arbeitslinien – haben eine ausgeprägte Eigeninitiative und eine klare Vorstellung davon, wie sie eine Aufgabe am besten lösen. Das ist kein Fehler, sondern Teil der Bandbreite, die diese Rasse ausmacht. Im Training gilt: beides in Balance bringen. Er ist kein Hund, der explodiert oder spontan schwierig wird – aber er lernt schnell, auch Unsinn. Was er einmal internalisiert hat, sitzt. Das stellt hohe Ansprüche an die Präzision im Training und die Konsequenz im Alltag.

Aktivitätslevel – hoch, wasserfest, futterversessen

Der Labrador Retriever ist ein aktiver Jagdhund mit entsprechendem Bewegungsbedarf. Tägliche intensive Aktivität ist keine Option, sondern Grundvoraussetzung. Reine Stadthundehaltung ohne täglichen echten Auslauf und sinnvolle Beschäftigung produziert genau das Tier, das viele zu Unrecht für den typischen Labbi halten: eine dicke Schlaftablette, die ihr eigenes Ding macht. Erschwerend: Eine genetisch nachgewiesene Mutation im POMC-Gen betrifft etwa jeden vierten Labrador und bewirkt, dass das Sättigungsgefühl weniger lange anhält als üblich – diese Hunde sind nachweislich gieriger und hartnäckiger beim Versuch, an Futter zu gelangen. Das macht Gewichtsmanagement zu einem echten Thema. Übergewicht belastet die Gelenke und verkürzt die Lebenserwartung deutlich. Das kurze, dichte, wasserabweisende Fell ist pflegeleicht – haart aber erheblich, besonders im Fellwechsel. Ein Staubsauger ist bei Labrador-Haltern kein optionales Haushaltsgerät.

Sozialkanone mit Hartnäckigkeit – Sozialverhalten

Mit Menschen ist er ausnahmslos herzlich, offen und zugewandt. Er ist ein geborener sozialer Katalysator: Er baut Brücken zwischen Menschen, er senkt Schwellen, er bringt Menschen zum Lachen und zum Sprechen. Das macht ihn zum idealen Assistenzhund – nicht nur für die direkte Unterstützungsaufgabe, sondern auch für die soziale Integration seines Partners in die Gesellschaft. Mit anderen Hunden ist er in der Regel problemlos verträglich, kann aber hartnäckig auf Spieleinladungen bestehen, auch

wenn das Gegenüber längst kein Interesse mehr signalisiert. Diese Hartnäckigkeit zeigt sich auch im Training und im Alltag mit dem Menschen – konsequente, liebevolle Führung ist unabdingbar.

Was du mit ihm erleben kannst – Aktivitäten

Der Labrador Retriever öffnet Türen in nahezu jeden Bereich des Hundesports und der Gebrauchshundearbeit. Dummytraining und jagdliche Arbeit sind seine Paradedisziplin er ist in allen drei Elementen von Natur aus begabt. Field Trials, Working Tests und jagdliche Einsätze bei Niederwild und Wasservögeln liegen ihm im Blut. Als Assistenzhund ist er weltweit der häufigste Einsatz – für Blindenführung, Rollstuhlassistenz, PTBS-Unterstützung, Epilepsiewarnung, Diabetikerwarnarbeit. Als Rettungshund ist er in Fläche und Trümmer nachgewiesenermaßen erfolgreich. Als Therapiehund und Schulhund bringt er alle Voraussetzungen mit. Wanderungen, Schwimmen, Canicross, Radfahrbegleitung, Nasenarbeit – er ist für vieles zu haben. Wichtig: Er braucht echten Inhalt, nicht nur Kilometer.

Genau dein Typ? – Für wen der Labrador Retriever passt

Der Labrador Retriever passt zu aktiven Menschen, die täglich Zeit für Bewegung und Beschäftigung haben. Er passt zu Familien mit Kindern, zu Ersthundehaltern mit Bereitschaft zur Ausbildung, zu Hundesportbegeisterten und zu Menschen, die ernsthaft in der Assistenz- oder Rettungshundearbeit tätig werden wollen.
Er passt nicht zu Menschen, die einen Wachhund suchen. Nicht zu Haushalten, die seinen Bewegungsbedarf nicht decken können. Und nicht zu jemandem, der das Bild der gemütlichen Schlaftablette mit dem wirklichen Labbi verwechselt. Wer ihn aber kennt und ihm gibt, was er braucht – den Auslauf, die Aufgabe, die Bindung – bekommt einen Hund, der buchstäblich für alles zu haben ist. Der weltbeste Sunnyboy mit kanadischen Wurzeln.

Aktivitätstyp: B / Charaktertyp: B

Steckbrief und Geschichte

GOLDEN RETRIEVER

Alles außer langweilig – was diese Rasse wirklich ausmacht, liegt tiefer als das goldene Fell.

Apportieren, suchen, helfen – was dieser Hund liebt

Der Golden Retriever steht regelmäßig in den Top Ten der beliebtesten Hunderassen. Jeder kennt ihn, jeder mag ihn – und genau das ist das Problem. Denn der Golden wird oft unterschätzt. Er ist nicht das gemütliche, anspruchslose Familienmitglied, das er in der Wahrnehmung vieler ist. Er ist ein Jagdgebrauchshund mit echtem Arbeitseifer, ausgeprägter Nase und einem Bedürfnis nach Beschäftigung, das ernst genommen werden muss. Was er liebt: apportieren. Das ist kein Zufall – es ist der Kern seiner Zuchtgeschichte. Gleichmütig warten, bis das Tier erlegt ist, und dann mit voller Energie ins Wasser oder ins Feld springen, um die Beute zu bringen: Diese Kombination aus Geduld und Elan ist bis heute sein Markenzeichen. Hunde aus Arbeitslinien zeigen diesen Trieb besonders ausgeprägt und benötigen entsprechend viel mentale und körperliche Auslastung. Wasser ist sein Element – kein Bach zu flach, kein Tümpel zu trüb. Wandern, Schwimmen, Dummy-Training, Fährtenarbeit, Mantrailing, Nasenarbeit, Obedience, Rally Obedience, Agility, Canicross: er ist für nahezu alles zu haben. Als Rettungshund, Blindenführhund, Therapiehund und Artenspürhund arbeiten Goldies auf Spitzenniveau. Ein Golden, der wirklich gefordert wird, ist ein anderer Hund als einer, der täglich nur spazieren geht.

Geduldig, menschenbezogen, manchmal eigensinnig – Charakter

Der FCI-Standard beschreibt den Golden Retriever als selbstsicher, gutmütig, freundlich und zuverlässig – und das trifft es gut. Er ist ausgesprochen menschenbezogen, möchte gefallen und zeigt einen tief verankerten Willen zur Kooperation, den Fachleute als Will-to-please bezeichnen. Das macht ihn zu einem der lernfreudigsten Hunde überhaupt. Aber: Er ist kein Roboter. Gelegentlich beschließt ein Golden, dass er heute etwas anderes vorhat. Dann zeigt er eine charmante Sturheit, die weniger Trotz als Persönlichkeit ist. Hunde aus Arbeitslinien sind dabei häufig fokussierter und arbeitsorientierter

Mini-Steckbrief

FCI-Gruppe: 8;
Ursprungsland: Großbritannien;
Schulterhöhe: Rüden 56–61 cm, Hündinnen 51–56 cm;
Gewicht: 25–34 kg;
Alter: 10–14 Jahre

als Hunde aus Showlinien, die manchmal etwas gemächlicher veranlagt sind. Sein Jagdverhalten ist vorhanden und sollte nicht ignoriert werden. In wildreichen Gebieten ist Aufmerksamkeit angebracht; einige Goldies entwickeln starkes Interesse an Wild. Wachsamkeit ist eher selten ausgeprägt – als Schutzhund eignet er sich kaum, weil er Besucher herzlich begrüßt statt kritisch beäugt. Vor Wasser schreckt er nie zurück – nach dem Bad in jedem verfügbaren Gewässer hinterlässt er entsprechende Spuren.

Aktivitätslevel – ehrgeizig, aber kein Extremsportler

Der Golden Retriever braucht echte Auslastung. Tägliche Spaziergänge alleine reichen nicht – er braucht Aufgaben, die seinen Kopf beschäftigen. Hunde, die körperlich viel bekommen, aber geistig unterfordert sind, werden nervös und finden eigene Beschäftigungen. Dummy-Training ist für viele Goldies die befriedigendste Kombination aus körperlicher und mentaler Aktivität. Er ist robust und ausdauernd, aber kein Hochleistungssportler auf Speed. Für dauerhaftes intensives Tempo ist er nicht gebaut; seinem Gelenksapparat zuliebe sollte die Belastung in jungen Jahren dosiert werden. Im Alter bleibt er überraschend welpenhaft verspielt – viele Goldies sind bis ins hohe Alter aktiv und spielfreudig. Gewichtsmanagement ist ein Thema: Goldies neigen dazu, Gewicht anzusetzen, wenn die Aktivität abnimmt. Eine schlanke, muskulöse Linie zu halten ist die Voraussetzung für ein bewegliches, beschwerdefreies Leben bis ins Alter.

Der perfekte Familienmensch – Sozialverhalten

Mit seiner Familie ist der Golden ein herzlicher, zugewandter, oft anhänglicher Begleiter. Er möchte dabei sein, mitmachen, gebraucht werden. Seine Offenheit gegenüber Menschen ist nahezu grenzenlos – er tritt Menschen ohne Vorurteile entgegen und passt sich intuitiv an Stimmungen und Situationen an. Mit Kindern ist er fast ideal: geduldig, spielfreudig, selten überreizbar. Mit anderen Hunden ist er in der Regel verträglich, gelegentlich kommen Jagdinstinkte im Zusammenspiel ins Spiel. Mit Fremden ist er so offen, dass er als Alarmsystem nicht funktioniert. Seine emotionale Intelligenz ist einer der Gründe, warum er so häufig in der Therapiearbeit eingesetzt wird. Er merkt, wenn jemand Zuwendung braucht. Er bleibt ruhig, wenn es turbulent wird. Er hält Situationen aus, in denen andere Hunde reagieren würden – das ist keine Zufallseigenschaft, sondern das Ergebnis seiner ursprünglichen Ausbildung als Jagdhund, der stundenlang warten musste.

Was du mit ihm erleben kannst – Aktivitäten

Der Golden ist einer der vielseitigsten Hunde, die es gibt. Dummy-Training und Apportiersport liegen ihm im Blut und bereiten den meisten Goldies echte Freude. Wasserarbeit ist sanft für die Gelenke und macht Spaß – Bäche und Seen werden er ungefragt erkunden. Wandern, Schwimmen und Canicross entsprechen seinem Ausdauerprofil. In der Nasenarbeit – Mantrailing, Fährtenarbeit, Artenspürhundearbeit – zeigt er Fähigkeiten, die seinen Status als Arbeitshund unterstreichen. Als Therapie-, Rettungs- und Blindenführhund arbeitet er auf höchstem Niveau. Agility, Rally Obedience und Obedience sind möglich und motivieren ihn, wenn Spaß und Belohnung im Vordergrund stehen. Was er nicht braucht: Unterforderung. Was er braucht: regelmäßige echte Aufgaben, Familienkontakt und ein Gewässer in Reichweite.

Genau dein Typ? – Für wen der Golden Retriever passt

Der Golden passt zu aktiven Menschen und Familien, die einen herzlichen, vielseitigen Hund suchen – und die verstehen, dass er echte Auslastung braucht, keine Gelegenheitsspaziergänge. Er ist ein exzellenter Ersthund für engagierte Einsteiger und ein begeisternder Partner für erfahrene Hundehalter, die seine Fähigkeiten voll ausschöpfen wollen. Er passt zu Kindern jedes Alters, zu Menschen, die Hundesport machen wollen, und zu jedem, der einen emotional intelligenten, zugewandten Begleiter sucht. Er passt nicht zu dir, wenn du einen selbstläufigen Hund suchst. Nicht, wenn du täglich wenig Zeit hast. Nicht, wenn dir nasses Fell, Schlamm in der Wohnung und Haare auf allem ein echtes Problem sind. Und nicht, wenn du denkst, ein Golden brauche keine Erziehung, weil er ja so lieb ist – er braucht sie genauso wie jeder andere Hund. Wer aber einen Hund möchte, der mor-

gens mit echtem Enthusiasmus aufwacht, der im Wasser genauso zuhause ist wie auf dem Sofa, und der abends mit warmem Blick fragt, was morgen kommt – der ist beim Golden Retriever genau richtig.

Aktivitätstyp: B / Charaktertyp: B

Steckbrief und Geschichte

Außerdem: Portrait Flat Coated Retriever

Neben Retrievern widmet sich **Pia Grönig** anderen Jagdhunderassen und ihren Haltenden. Ihr Rat zum Typ:

„Jagdlich ambitionierte Hunde: Was steckt wirklich drin – und was bedeutet das im Alltag?“

Wie ich zu Jagdhunden kam – und wie ich sie wirklich kennenlernte

Zu Jagdhunden bin ich recht früh gekommen – als Jugendliche, geprägt durch meinen Onkel und eine rein optische Entscheidung. Das ist schon eine Weile her, fast 30 Jahre. Damals gab es diese Informationsflut nicht, die es heute gibt. Mit dem ersten Hund haben wir einiges erlebt. Hühner haben ihr Leben verloren, andere Dinge sind passiert. Das wurde zu einer Zeit noch ein bisschen lockerer gesehen als heute – in der Stadt, in dichten Wohngebieten ist das schlicht problematischer geworden.
Was sich aber nicht verändert hat: Jagdhunde wurden aus bestimmten Gründen als Jagdhunde gezüchtet und bringen deshalb bestimmte Eigenheiten mit. Letztlich sind alle unsere Hunde noch recht nah an der Kette, die ein Beutegreifer braucht, um sich zu ernähren. Bei Jagdhunden wurde dieses Jagdverhalten so angepasst, dass der Hund die Jagd des Menschen auf Wildtiere erfolgreicher gestaltet – je nachdem, welches Tier man bejagen wollte und in welchem Terrain.

Herkunft ist entscheidend – auch beim Auslandstierschutz

Das ist wichtig zu verstehen, wenn man zum Beispiel einen Hund aus dem Ausland adoptiert. Nehmen wir den Vizsla: Im Ursprungsland Ungarn haben Vizslas oft deutlich mehr Schärfe als hierzulande. Wer nur die deutschen Vizslas kennt, die teilweise kaum noch jagdliches Interesse zeigen, erlebt eine böse Überraschung, wenn er einen ungarischen Hund übernimmt. Das habe ich auch bei Settern aus dem Tierschutz erlebt – die Leute waren irritiert, dass diese Hunde ganz anders waren als erwartet.

Bei den jagdlichen Typen muss man grundsätzlich unterscheiden. Bracken und Laufhunde sind auf großen Radius ausgelegt. Sie werden bei Drückjagden eingesetzt, gehen dabei manchmal mehrere Kilometer alleine vor – und sind nicht darauf selektiert, sich in solchen Momenten zurückrufen zu lassen. Das macht sie für Nicht-Jäger faktisch ungeeignet. Bei diesen Rassen und ähnlichen Typen, die für selbständige Arbeit gezüchtet wurden, hat man in der Regel einen sehr eigenständigen Hund.

Bei Vorstehhunden sieht es etwas anders aus: Sie sind grundsätzlich auf Kooperation mit dem Menschen ausgelegt, lassen sich in der Regel kontrollieren. Trotzdem ist der Aufwand, solche Hunde als Nicht-Jäger angemessen auszulasten, enorm. Wenn diese Hunde in Frust geraten, zu wenig Bewegung haben, zu wenig Freiheit – dann können sie sich schnell schlechter steuern lassen.

Raubzeugschärfe – ein Faktor, den viele unterschätzen

Innerhalb der Vorstehhunde gibt es außerdem einen entscheidenden Faktor, den viele nicht kennen: ob ein Hund raubzeugscharf ist – also ob er Katzen tötet, Wildschweine angreift, Füchse stellt. Das ist eine andere Kategorie als ein Hund, der einen Hasen oder Fasan greifen würde. Raubzeugschärfe setzt deutlich mehr Mut voraus. Für jemanden, der städtisch wohnt oder Katzen hält, ist das ein erhebliches Konfliktthema.

Innerhalb eines Wurfes gibt es immer eine große Bandbreite. Selbst bei jagdlich gezüchteten Hunden gibt es fast immer einen, der nicht jagt. Und umgekehrt: Im Tierheim landen aus Jagdlinien nicht nur die, die zu wenig jagdliches Interesse haben. Ein Hund kann auch ausgemustert worden sein, weil er Schussangst hat – oder weil er zu viel Interesse hatte und unkontrollierbar wurde. Pauschal „aussortiert = wenig Jagdtrieb“ gilt also nicht.

Beschäftigung mit Köpfchen – nicht gegen die Natur, sondern mit ihr

Was tut man dann mit jagdlich ambitionierten Hunden, die als Familienhunde leben? Die wichtigste Regel: Kenne die

Pia Gröning ist Hundetrainerin mit Jagdschein, spezialisiert auf das sogenannte Anti-Jagdtraining. Sie arbeitete viele Jahre in Deutschland und gibt heute ihr Wissen in den Niederlanden weiter. Sie kennt jagdlich geführte Hunde ebenso gut wie die Realität der meisten Hunde als Familienmitglieder.

Rasse und was diese Rasse ursprünglich getan hat. Mantrailing mit einem Beagle – einem Hund, der genetisch auf das Suchen von Spuren ausgelegt ist – kann helfen, dieses Interesse auf Menschenspuren umzulenken. Vielleicht. Es kann aber auch passieren, dass der Hund einfach lernt, wie gut er seine Nase einsetzen kann – und das dann auf alles anwendet, auf Wild, auf läufige Hündinnen, auf alles, was interessant riecht.
Anders beim Australian Shepherd, der dieses Interesse von Natur aus nicht mitbringt: Wenn ich ihm Nasenarbeit beibringe, bringe ich ihm etwas bei, was er sonst nicht gelernt hätte. Und kluge Hunde machen schnell Übertragungen: Was ich mit der Nase kann, kann ich überall anwenden. Das kann ungewollt das Jagdverhalten stärken, obwohl man das Gegenteil wollte. Für den Australian Shepherd wäre deshalb etwas geeigneter, das seine Augen und seine Bewegungsfreude anspricht – Longieren, Hoopers, Agility in ruhiger Form, Sportarten, bei denen er auf Distanz gelenkt wird und sich auf mich konzentriert.
Was den Terrier betrifft: Das ist ein sehr maulorientierter Hund. Terrier töten letztlich – das ist tief verankert. Was ich ihnen geben sollte, sind viele Spiele, bei denen sie zerren, schütteln, etwas um den Kopf schlagen können. Das befriedigt dieses Bedürfnis – und ich kann dieses Spiel gleichzeitig als Belohnung für den Rückruf einsetzen.

Ehrlich zu sich selbst sein – brauche ich wirklich diese Sportskanone?

Den Deutschen Jagdterrier würde ich nie einem Nicht-Jäger empfehlen. Die Wahrscheinlichkeit, dass es schiefgeht, ist schlicht zu hoch. Außer man macht den Jagdschein oder findet Jagdkollegen, mit denen man an Drückjagden teilnehmen kann. Es gibt nicht viel, was man diesem Hund sonst als Ersatz anbieten könnte. Ich kenne viele frustrierte Deutsche Jagdterrier, die ihre Menschen das Leben schwer machen – und die mir gleichzeitig enorm leidtun, weil sie an der Leine bleiben müssen, obwohl das kein Leben für diesen Hund ist.
Vorstehhunde brauchen grundsätzlich Raum. Settern und Pointern – den Ferraris unter den Vorstehhunden – mit einem 50-Quadratmeter-Garten gerecht werden zu wollen, geht nicht. Man muss ehrlich fragen: Habe ich die Flächen, die Möglichkeiten, diesem Hund das zu geben, was er braucht? Und passe ich in eine Gesellschaft, in der manche schon die Krise bekommen, wenn der Hund 50 Meter vorausläuft?
Der Durchschnittshund ist sportlich genug für jeden sportlichen Menschen. Man braucht keinen Pointer als Joggingbegleiter. Das sollte man wirklich im Kopf behalten – und sich ehrlich fragen: Brauche ich wirklich diese Sportskanone? Oder ist das eine Entscheidung aus Faszination, die ich im Alltag bereuen werde?

Interview mit Pia Gröning

Mini-Steckbrief
FCI-Gruppe: 4;
Ursprungsland: Deutschland;
Schulterhöhe: ca. 20–27 cm je nach Variante;
Gewicht: Standard (Brustumfang über 35 cm), Zwerg (30–35 cm), Kaninchen (unter 30 cm) – Brustumfang entscheidet, nicht Gewicht;
Alter: 12–16 Jahre

DACKEL

Erdhund, Revoluzzer, Kultstar – kaum eine andere Hunderasse hat so eine atemberaubende Karriere hingelegt. Das Kurzbein weiß genau, was es will.

Baujagd, Vogelabwehr, Schimmelspürhund – was den Dackel antreibt

Dass ein Dackel am Flughafen Bremen täglich bis zu sechsmal das Gelände abläuft, um Vögel aus pistennahen Bereichen zu verscheuchen, oder dass ein Zwergdackel im barocken Klosterstift Holzschädlinge durch seine Pheromone erschnüffelt – das sind keine Ausnahmegeschichten. Das ist das Berufsleben echter Dackel. „Schweizer Taschenmesser unter den Jagdhunden" werden sie genannt, und das Bild stimmt: Man kann sie fast universell einsetzen. Was er liebt: seine Nase in Aktion, klare Aufgaben, seinen Menschen. Was er ebenfalls liebt: Selbst entscheiden, wann er auf die Couch darf – und wie er das durchsetzt. Ein Dackel weiß genau, was er will. Und wann. Die berühmte Hundedecke-Strategie – „Hier ist meine Decke, ich wäre dann so weit!" – ist dokumentierter Dackelalltag. Er liebt Dummytraining und Fährtenarbeit ebenso wie Trickdogging und Schimmelspürarbeit. Hauptsache keine Langeweile – das ist sein oberstes Gebot.

Pfiffig, selbstbewusst, mit dem berühmten Blick – Charakter

Der FCI-Rassestandard beschreibt den Dackel als freundlich, lebhaft und zugewandt. Was der Standard nicht in dieser Deutlichkeit sagt: Er ist ein Clown, der exakt weiß, wann er einen Witz macht – und einen Blick draufhat, dem kaum jemand widerstehen kann. Der Dackelblick ist kein Mythos, er ist Strategie. Er ist selbstbewusst bis eigensinnig. Kommandos sieht er mitunter als Vorschläge. Zu Hause kann er der Chef sein, wenn man es zulässt – und er lässt es zu, wenn man nicht aufpasst. Mit viel positiver Motivation, Klarheit und Konsequenz lässt er sich wunderbar erziehen. Verhätscheln ist kontraproduktiv. Was er braucht: Klarheit und Beschäftigung. Was er dann wird: ein emsiger, fröhlicher, selbstbewusster Begleiter, der den großen in nichts nachsteht.

Aktivitätslevel – Kleines Format, große Rückenanforderungen

Der Dackel braucht täglich echte Bewegung und Nasenarbeit. Unterfordert sucht er sich selbst eine Aufgabe – mit Ergebnissen, die nicht immer im Interesse des Haushalts sind. Seine kurzen Beine und sein langer Rücken definieren dabei die Grenzen: zu viele Treppen, zu hohe Sprünge und Übergewicht sind die häufigsten Bandscheibenvorfallrisiken. Schlanke Körperkondition und aktive Rückenmuskulatur sind keine Wellness-Empfehlung, sondern medizinische Notwendigkeit. Das Fell: Je nach Variante unterschiedlich aufwändig. Rauhaardackel müssen regelmäßig getrimmt werden; Kurzhaar ist pflegeleicht; Langhaar braucht regelmäßiges Bürsten. Alle Varianten gibt es in drei Größen: Standard-, Zwerg- und Kaninchendackel, definiert nach Brustumfang.

Sozial, jagdlich und auf den Punkt – Sozialverhalten

Mit seiner Familie ist der Dackel eng verbunden, zugewandt und von einer treuen Anhänglichkeit. Mit anderen Hunden verträgt er sich in der Regel gut. Seine Jagdpassion kann draußen aber so dominant werden, dass er auch

mal eigene Wege geht – mangelnde Rückorientierung ist ein klassisches Trainingsthema. Er ist wachsam und meldet Fremde, teils lautstark. Das gehört zur Rasse, kann aber mit Konsequenz in Grenzen gehalten werden. Als Besuchshund zeigt er gute Voraussetzungen, solange seine Selbstständigkeit respektvoll mit Grenzen begleitet wird.

Was du mit ihm erleben kannst – Aktivitäten

Dummytraining, Fährtenarbeit, Mantrailing, Trickdogging, Schimmelspürarbeit, Artenschutzhund, Bird Control Dog, Besuchshund – der Dackel überrascht in jedem Bereich. Als jagdlicher Begleiter ist er in allen Disziplinen außer der Nachsuche auf Schwarzwild (bei dem er zu wenig Schärfe mitbringt) einsetzbar. Als Familienhund, Stadtbegleiter und Alltagspartner ist er durch seine geringe Größe und seinen großen Charakter fast überall mit dabei.

Genau dein Typ? – Für wen der Dackel passt

Der Dackel passt zu aktiven Menschen, die einen kleinen Hund als echten Jagdhund mit Persönlichkeit sehen – und bereit sind, ihn mit Struktur, Beschäftigung und konsequenter Führung zu begleiten. Er passt zu Jägern, zu Hundesportbegeisterten, zu Familien, zu aktiven Senioren. Er passt nicht zu Menschen, die ihn verhätscheln und seine Grenzen ignorieren. Nicht zu Haushalten, in denen er täglich Treppen steigen und hochspringen muss. Und nicht zu jemandem, der den Dackelblick für eine harmlose Kleinigkeit hält – dieser Blick ist die gefährlichste Waffe der Rasse. Wer aber seinen Witz, seine Ausdauer und seinen Eigensinn zu schätzen weiß, bekommt einen Begleiter, der buchstäblich in jeden Winkel passt. Und der genau weiß, wann seine Decke auf der Couch liegt.

Aktivitätstyp: C / Charaktertyp: A

Steckbrief und Geschichte

Mini-Steckbrief
FCI-Gruppe: 6;
Ursprungsland: Großbritannien;
Schulterhöhe: 33–40 cm;
Gewicht: 10–18 kg;
Alter: 12–15 Jahre

BEAGLE

Eigensinnig, verfressen, unwiderstehlich – und mit einer Nase, gegen die die beste Technik keine Chance hat.

Nase zuerst, Rest kommt später – was dieser Hund liebt

Wenn Beagles an amerikanischen Flughäfen patrouillieren und mit 90-prozentiger Trefferquote verbotene Agrarprodukte im Gepäck der Reisenden aufspüren, sagen sie damit mehr über sich selbst aus als jede Rassebeschreibung könnte. Die Nase ist beim Beagle keine Eigenschaft – sie ist eine Weltanschauung. Alles, was er tut, wie er die Welt wahrnimmt und welche Prioritäten er setzt, wird von seinem außergewöhnlichen Geruchssinn bestimmt.

Was er liebt: Fährten verfolgen. Immer. Ungeachtet dessen, ob du das gerade vorgesehen hast oder nicht. Draußen in der freien Natur kann ein interessanter Geruch dazu führen, dass der Beagle für die nächsten Stunden in einer eigenen Parallelwelt unterwegs ist – schnell, ausdauernd und vollständig immun gegen Rückrufe. In wildreichen Gebieten sollte er an der Leine bleiben; seine Jagdleidenschaft ist durch Training kaum zu bändigen, nur zu lenken. Zum Glück gibt es viele Möglichkeiten, diese Energie sinnvoll zu kanalisieren: Mantrailing, Fährtenarbeit, Schweißarbeit, Nasenarbeit, Dummy-Training – das sind seine natürlichen Spielfelder. Wandern und Joggen liegt ihm ebenfalls, solange es genug Schnüffelgelegenheiten gibt. Agility und Rally Obedience machen Spaß, wenn Leckerlis als Motivation eingesetzt werden. Als Therapiehund zeigt er sich in geeigneten Kontexten von seiner herzlichen, offenen Seite.

Meinungsstark, futterversessen, herzlich – Charakter

Der Beagle ist kein Befehlsempfänger. Er betrachtet sich eher als gleichwertigen Partner mit Recht auf eine eigene Perspektive. Das macht ihn charmant – und gelegentlich wahnsinnig machend. Wenn es darum geht, an Verbotenes zu gelangen, ist seine Kreativität legendär. Beagle-Halter überbieten sich in Geschichten über die spektakulärsten Schurkenstücke ihrer Hunde. Der Kuchen vom Kühlschrank, der Rucksack mit den Vorräten, die verschlossene Mülltonne – nichts ist sicher, wenn ein Beagle Zeit und Motivation hat. Diese Futterversessenheit ist kein Makel, sondern Rassegeschichte: In einer Meute von Dutzenden Hunden war schnelles Zugreifen beim Fressen überlebenswichtig. Heute macht sie ihn zu einem der einfachsten Hunde im Positivtraining – Belohnungen sind der direkte Weg in sein Herz und damit in seine Kooperationsbereitschaft. Mit anderen Hunden kommt er in der Regel sehr gut aus – sein Meutehintergrund hat ihn sozial und verträglich gemacht. Mit Menschen ist er offen, herzlich und fast undiskriminierend freundlich. Kinder liebt er. Alleinsein mag er nicht. Er hat eine ausgeprägte, klangvolle Stimme und setzt sie ein, um seine Gefühle zu kommunizieren – von der überschwänglichen Begrüßung bis zur kläglichen Unzufriedenheit beim Warten.

Aktivitätslevel – ausdauernd und nasengetrieben

Der Beagle ist kein Couchgemüse, auch wenn er das manchmal gerne wäre. Er braucht tägliche Bewegung und, was noch wichtiger ist, mentale Auslastung durch Nasenarbeit. Ein Beagle, der körperlich müde ist, aber geistig nicht ausgelastet wurde, findet eigene Beschäftigungen – und die sind selten im Sinne der Inneneinrichtung. Sein Ausdauerangebot ist echt: Als Meutehund war er darauf ausgelegt, stundenlang zu laufen. Wanderungen, längere Ausflüge und ausgedehnte Spaziergänge mit Schnüffelstrecken liegen ihm. Hochintensiver Kurzsport ist weniger sein Ding als gleichmäßige, lange Aktivität. Eine wichtige Nebenwirkung seiner Futterversessenheit: er neigt zu Übergewicht. Kalorienkontrolle und regelmäßige Gewichtschecks gehören zur Beagle-Haltung dazu. Seine Gesundheit ist insgesamt robust; eine erbliche Disposition für Epilepsie und Hound-Ataxie kommt in der Rasse vor – diese sollte bei der Züchterwahl berücksichtigt werden.

Gesellig, laut, immer dabei – Sozialverhalten

Der Beagle ist ein Gemeinschaftshund durch und durch. Alleine ist er unglücklich – er braucht Gesellschaft, am liebsten von

Menschen und Artgenossen gleichermaßen. Wer ihn regelmäßig lange alleine lässt, sollte sich ernsthaft fragen, ob der Beagle die richtige Wahl ist; für Beagle-Treffen auf eingezäunten Geländen gibt es sogar eigene Vereine, weil der Bedarf so groß ist. Mit Kindern ist er fast ideal: geduldig, spielfreudig, selten überreizbar. Mit anderen Hunden ist er sozial und ausgelassen. Mit Fremden ist er freundlich – als Wachhund taugt er kaum, weil er Besucher tendenziell begrüßt statt bellt. Sein Lautrepertoire ist beachtlich: Der Beagle kommuniziert viel und lautstark. In dichtbesiedelten Wohngebieten oder Mietwohnungen mit empfindlichen Nachbarn kann das zur Herausforderung werden. Das ist keine Frage des Trainings allein, sondern der Rasseanlage.

Was du mit ihm erleben kannst

Der Beagle ist ein begeisterter Nasenarbeiter – und hier liegt sein größtes Potenzial. Mantrailing, Fährtenarbeit und Schweißarbeit nutzen seine außergewöhnlichen Fähigkeiten auf die sinnvollste Weise. Nasenarbeit und Dummy-Training funktionieren gut als Alltagsbeschäftigung. Wandern und längere Geländeausflüge entsprechen seinem Ausdauerprofil. Agility, Rally Obedience und Trickdogging sind möglich und machen Spaß – mit der richtigen Motivation, also: Leckerlis. Als Therapiehund in geeigneten Umgebungen zeigt er seine herzliche, offene Seite. Bei Beagle-Treffen auf eigens eingezäunten Geländen kann er mit Artgenossen nach Herzenslust toben und kommunizieren. Was er nicht braucht: Isolation, Langeweile und Spaziergänge, auf denen er nichts schnüffeln darf.

Genau dein Typ? – Für wen der Beagle passt

Der Beagle passt zu aktiven Menschen und Familien, die einen herzlichen, geselligen Hund mit echter Persönlichkeit wollen – und die bereit sind, mit seinem Jagdtrieb zu leben, statt gegen ihn zu kämpfen. Die besten Beagle-Halter haben Geduld, Humor und eine realistische Erwartung: Dieser Hund wird nicht auf Zuruf aus dem Unterholz kommen, wenn er eine Spur hat. Das ist keine Fehlerziehung – das ist Beagle.
Er passt zu Familien mit Kindern, zu Menschen, die Zeit für Nasenarbeit aufbringen wollen, und zu jedem, der gerne einen kommunikativen, emotionalen Hund an seiner Seite hat, der das Leben mit allen Sinnen wahrnimmt.
Er passt nicht zu dir, wenn du einen stillen, unauffälligen Hund suchst. Nicht, wenn du ihn regelmäßig lange alleine lassen musst. Nicht, wenn du perfekten Gehorsam erwartest.
Und nicht, wenn du hohe Schränke und abgesicherte Küchenarbeitsplatten als unnötigen Aufwand betrachtest.

Aktivitätstyp: B / Charaktertyp: B

Steckbrief und Geschichte

ENGLISH COCKER SPANIEL

Dauerwackelnde Rute, samtweiche Ohren, unerschütterliche Gute Laune – und darunter ein Jagdhund, der in dichtem Gestrüpp keine Sekunde zögert.

Feuereifer auf vier Beinen – was dieser Hund liebt

Die Rute hört nie auf zu wedeln. Das ist kein Klischee, sondern eine praktische Beobachtung: Der English Cocker Spaniel drückt mit ihr permanent seinen Gemütszustand aus – und der ist fast immer irgendwo zwischen freudig erregt und absolut begeistert. Dieser Hund bringt Energie mit in jede Situation, unabhängig davon, ob es um ein Dummytraining, einen Spaziergang oder das morgendliche Frühstück geht.
Was er wirklich liebt: stöbern. Im Unterholz, im dichten Gestrüpp, in nassen Wiesen – der Cocker buschiert in einem charakteristischen Zickzack-Muster vor dem Menschen, scheucht Niederwild auf und apportiert es nach dem Schuss. Das ist sein ursprünglichstes Verhalten und seine größte Freude.
Cocker aus Arbeitslinien werden heute noch erfolgreich bei der Jagd eingesetzt; ihre Spezialität ist das Buschieren, und dabei schrecken sie weder vor sumpfigen Gewässern noch vor dichtem Gestrüpp zurück.
Das Apportieren liegt ihm generell im Blut – auch unabhängig von der Jagd. Viele Cocker bringen Apportels aus Seen und Bächen, ohne zu zögern. Wasser ist für einen Großteil der Rasse kein Hindernis, sondern Einladung.
Nasenarbeit in allen Varianten ist eine weitere Stärke: Schweißarbeit gehörte historisch zu seinen Aufgaben, heute findet man die Rasse

Mini-Steckbrief
FCI-Gruppe: 8;
Ursprungsland: Großbritannien;
Schulterhöhe: Rüden 39–41 cm, Hündinnen 38–39 cm;
Gewicht: 12,5–14,5 kg;
Alter: 12–15 Jahre

im Mantrailing, in der Fährtenarbeit und als Diensthund beim Aufspüren von Rauschgift. Im Hundesport ist er vielseitig aktiv: Agility, Rally Obedience, Dummytraining, Wasserarbeit, Canicross, Nasenarbeit, Flyball, Rettungshundearbeit – der Cocker ist überall dabei, wo Nase und Körper gefordert sind. Schönheit und Gehorsam sind für ihn keine Gegensätze zu sportlichem Einsatz.

Der Gentleman mit eigenem Kopf – Charakter

Der English Cocker Spaniel ist einer jener Hunde, die auf Anhieb sympathisch wirken – und tatsächlich so sympathisch sind, wie sie aussehen. Er ist verschmust, anhänglich, überschwänglich in seiner Zuneigung und durchgängig gut gelaunt. Wer ihn einmal kennengelernt hat, versteht, warum er über Generationen hinweg treue Fans hatte – von der englischen Königsfamilie bis zu Popstars und Fußballern. Hinter der Fröhlichkeit steckt aber auch ein Arbeitshund mit echtem Biss. Als Stöberhund wurde er über Jahrhunderte darauf selektiert, eigenständig zu arbeiten, Entscheidungen zu treffen und an seiner Aufgabe dranzubleiben, auch wenn das Wild im dichtesten Gestrüpp verschwindet. Diese Eigenständigkeit merkt man ihm an: Er ist intelligent, kooperativ – und hat gleichzeitig einen gewissen Hang zum Hinterfragen und eigenständigen Denken, den man ihm zugestehen muss. Sein Enthusiasmus kann sich zuweilen in leichter Erregbarkeit äußern. Ein konsequenter, gelassener Umgang senkt das Stresslevel merklich; der Cocker braucht Ruhepausen genauso wie Auslastung. Wer ihn permanent stimuliert, ohne für Abschalten zu sorgen, riskiert einen Hund, der dauerhaft auf hohem Aktivierungsniveau läuft. Die sogenannte Cockerwut – eine anfallsartig auftretende Aggressivität – war in der Vergangenheit ein Thema, das auf überhastete Zucht in den 1970er-Jahren zurückgeführt wird. Dank verantwortungsvoller Züchter ist dieses Problem heute weitgehend eingedämmt. Der moderne English Cocker ist ein robuster Begleiter, der problemlos 14 oder 15 Jahre alt werden kann – sofern auf Gesundheit geachtet wird.

Mittleres Aktivitätslevel, hoher Inhalt – der Energiebedarf

Der English Cocker Spaniel ist kein Extremsportler, aber auch definitiv kein Stubenhocker. Sein Aktivitätsbedarf ist mittel bis hoch – er braucht tägliche Bewegung mit echtem Inhalt, am liebsten in der Natur, mit Möglichkeit zum freien Erkunden und Stöbern. Zwei bis drei ausgedehnte Spaziergänge täglich sind Grundversorgung; wirklich glücklich ist er, wenn mindestens einer davon Nasenarbeit, Apportieren oder einen Abstecher ins Wasser enthält. Regelmäßiges Training im Hundesport ist ideal, weil es körperliche und geistige Auslastung kombiniert. Geistige Arbeit ist für diese Rasse kein Luxus, sondern Notwendigkeit: Ein unterausgeforderter Cocker entwickelt schnell eine übermäßige Jagdpassion, die im Alltag schwer zu managen ist. Was er gar nicht mag: stundenlange Einsamkeit. Er ist ein ausgesprochen menschenbezogener Hund, der Nähe braucht. Alleine lassen sollte schrittweise trainiert werden; strukturlos alleingelassen dreht er durch.

Der soziale Allrounder – Verhalten im Miteinander

Mit Menschen ist der English Cocker Spaniel offen, herzlich und zugewandt – ein echter Menschenfreund, der Fremde selten als Bedrohung wahrnimmt. Im Haus sucht er Nähe, ist verschmust und folgt seinem Menschen gerne von Zimmer zu Zimmer. Draußen verlagern sich die Interessen: Dort ist die Nase stark im Einsatz, die Außenwelt zieht die Aufmerksamkeit, und der Jagdtrieb meldet sich regelmäßig zu Wort.

Mit anderen Hunden ist er in der Regel gut verträglich. Er ist gesellig, spielfreudig und sucht Kontakt. Konflikte entstehen selten aus Aggression, eher aus Aufregung oder überschäumender Spiellaune, die nicht jeder Artgenosse teilt.
In Familien mit Kindern ist der Cocker ein dankbarer Begleiter. Er ist robust genug, um tobendes Kinderleben mitzumachen, sensibel genug, um Grenzen zu spüren, und anhänglich genug, um das Familienmitglied zu sein, das immer dabei ist. Kleinkinder sollten dennoch behutsam an ihn herangeführt werden – wie bei jedem Hund.
Als Begleithund im Alltag ist er sehr anpassungsfähig: Restaurant, Café, öffentliche Verkehrsmittel, Ausflüge – er kommt gut mit wechselnden Situationen zurecht, wenn er früh sozialisiert wurde.

Was du mit ihm erleben kannst – gemeinsame Aktivitäten

Der English Cocker Spaniel eröffnet eine breite Palette an Aktivitäten – und er bringt für die meisten davon eine echte Anlage mit, nicht nur guten Willen. Dummytraining ist ideal: Es imitiert die jagdliche Arbeit nach dem Schuss und entspricht dem Instinkt des Hundes punktgenau. Stöbersuchen, Einweisen, Markieren, Freiverlorensuche – all das liegt dem Cocker, und dabei kann man gut einen Rhythmus aus Aktion und Pause aufbauen. Wasser ist dabei kein Hindernis, sondern Einladung: Apportieren aus Seen und Bächen bereitet vielen Cockern besondere Freude.
Jagdlich geführte Hunde aus Arbeitslinien werden im Buschieren eingesetzt, apportieren Niederwild und sind als Begleiter bei der Niederwildjagd geschätzt. Die kompakte Größe und der muskulöse Körper machen sie zu überraschend zähen Arbeitshunden im Gelände.
Nasenarbeit in allen Varianten, Mantrailing, Fährtenarbeit, Schweißarbeit, Agility, Rally Obedience, Canicross, Wanderungen mit Freizügigkeit in sicherem Gelände, Ausstellungen, Rettungshundearbeit, Diensthundeeinsatz (Drogensuche) – die Liste zeigt, wie breit die Rasse aufgestellt ist.
Ein wichtiger Hinweis zur Fellpflege: Sie ist kein Aufwand, den man delegieren kann. Regelmäßiges Bürsten, periodisches Trimmen und besonderes Augenmerk auf die Ohren sind Pflicht. Wer damit umgehen möchte, sollte sich frühzeitig darauf einstellen – und am besten schon beim Welpen beginnen, den Hund an diese Routine zu gewöhnen.

Genau dein Typ? – Für wen der English Cocker Spaniel passt

Der English Cocker Spaniel ist einer der unkompliziertesten Jagdhunde im Familienkontext – aber unkompliziert bedeutet nicht anspruchslos. Er braucht Bewegung, Nasenarbeit, menschliche Nähe und einen klaren, gelassenen Umgang.
Er passt zu aktiven Familien, zu Jagdbegeisterten, zu Sporttreibenden, zu Menschen, die ihren Hund als echten Alltagsbeglei-

ter sehen und nicht als Dekoration. Er passt zu Ersthundehaltern, sofern diese bereit sind, sich mit dem Jagdtrieb auseinanderzusetzen und ihn frühzeitig in geregelte Bahnen zu lenken. Er passt zu Menschen, die einen Hund mögen, der echte Wärme zurückgibt – offen, herzlich, dauerpräsent.
Er passt nicht zu dir, wenn du wenig Zeit für Aktivitäten hast. Nicht, wenn du seine Jagdpassion ignorieren möchtest in der Hoffnung, sie verschwindet von selbst. Nicht, wenn Fellpflege eine lästige Pflicht ist, die du lieber vermeidest.
Wer aber einen Hund sucht, der morgens fröhlich, mittags sportlich und abends verschmust ist – und das alles mit dieser charakteristischen Rute, die niemals aufhört zu wedeln –, der hat in dem englischen Gentleman mit Sportsgeist seinen perfekten Match gefunden.

Aktivitätstyp: B / Charaktertyp: B

Steckbrief und Geschichte

MAGYAR VIZSLA

Goldgelbes Fell wie trockenes Steppengras, eine Nase wie ein Seismograph und eine Menschenliebe, die Schoßhund-Ambitionen bei 60 cm Schulterhöhe nicht als Widerspruch empfindet. Der ungarische Vorstehhund ist ein Versprechen auf Lebendigkeit.

Pirsch, Pattex und Passion – was diesen Hund bewegt

Das raubkatzenhafte Anpirschen durch das Gras, das plötzliche Erstarren in perfekter Vorstehhaltung – Rückenlinie waagerecht, Vorderlauf angehoben, der ganze Körper ein lebendiges Verkehrsschild –, dann das Nachziehen auf kleinste Anweisung und schließlich der Sprint zur erlegten Beute: So sieht der Magyar Vizsla in seinem Element aus. Und das Vorstehen ist für ihn keine erlernte Übung, sondern ein genetisch verankerter Ausdruck seiner selbst.
Was er abseits der Jagd liebt: bei seinem Menschen sein. Buchstäblich. Auf dem Schoß, wenn möglich. Der Vizsla klebt wie Pattex an seinen Menschen – das ist kein Klischee, das ist rassetypisches Verhalten, das bei der Jagdarbeit als Vorteil gilt: Er bleibt in der Nähe, orientiert sich, wartet auf Anweisungen. Für den Alltag bedeutet das: Dieses Maß an Aufmerksamkeit muss man mögen und es aktiv regulieren. Ruhe lernen ist für jeden Vizsla eine wichtige Aufgabe, sonst entwickelt

Mini-Steckbrief

FCI-Gruppe: 7;
Ursprungsland: Ungarn;
Schulterhöhe: Rüden 58–64 cm, Hündinnen 54–60 cm;
Gewicht: ca. 20–27 kg;
Alter: 12–15 Jahre

sich ein ausdauerndes Powerpaket zum hyperaktiven Duracell-Häschen.

Er liebt Mantrailing – eine wunderbare Art, seine Nasenarbeit zu kanalisieren und ihn auszulasten. Er liebt Dummytraining, Obedience, Wanderungen, kurze und strukturierte Einsätze. Was er nicht liebt: Langeweile, Isolation, und die eigene Couch in Stücke zu reißen – letzteres passiert jedoch nur bei Unterforderung oder falscher Auslastung.

Empathisch, sensibel, hartnäckig diskutierend – Charakter

Der Magyar Vizsla spiegelt seinen Menschen. Das ist einer seiner größten Vorzüge – und eine seiner größten Herausforderungen. Ein Mensch, der aufgeregt, unsicher oder inkonsistent ist, bekommt einen aufgeregten, unsicheren, inkonsistenten Hund zurück. Wer ruhig, klar und verlässlich ist, bekommt einen außergewöhnlichen Partner.

Er ist intelligent, lernt schnell – und hinterfragt dabei alles. Das ist keine Böswilligkeit, das ist Arbeitshundintelligenz: Ein Vorstehhund, der eigenständig Entscheidungen trifft, braucht das kritische Denken. Im Alltag äußert es sich darin, dass er mit seinem Menschen diskutiert, wenn Konsequenz fehlt. Wer das ernst nimmt und konsistent bleibt, bekommt einen hoch kooperativen Partner. Wer es ignoriert, bekommt einen Hund, der die Agenda selbst bestimmt.

Er ist sensibel bis ins Mark. Laute Stimmen, grobe Behandlung, Ungeduld – das trifft ihn. Sanfte, konsequente, positive Führung ist nicht nur empfehlenswert, sie ist die einzige Methode, die wirklich funktioniert.

Ausdauerndes Kraftpaket mit Ruhebedarf – Aktivitätslevel

Qualität vor Quantität: Das ist das Grundprinzip bei der Auslastung eines Vizsla. Viele Besitzer glauben zunächst, ihr Hund sei unterfordert, weil er so aktiv wirkt. Oft ist das Gegenteil wahr: Der Hund ist überfordert und hat zu wenig echte Auszeiten. Ausgiebige, bewusste Spaziergänge, kurze und strukturierte Trainingseinheiten, regelmäßige Nasenarbeit – das ist sein ideales Auslastungskonzept. Übertriebenes Ballwerfen oder endlose Laufeinheiten ohne Kopfarbeit machen ihn nicht ruhiger, sondern laufen ihn heiß. Das kurze, dichte, anliegende Fell ist pflegeleicht. Jagdprüfungen sind für Zuchthunde im VDH verpflichtend: Feld- und Wasserprüfung müssen vor der Zucht abgelegt werden.

Pattex-Hund und Jagdgebrauchshund – Sozialverhalten

Mit seiner Familie ist der Vizsla von einer Intensität der Bindung, die ihn buchstäblich überallhin folgen lässt. Er ist kein Hund, der problemlos allein bleibt – Alleinsein-Training muss von Welpenbeinen an sorgfältig aufgebaut werden. Als echter Familienmensch liebt er Körperkontakt, Nähe und ausgedehnte Kuscheleinheiten. Fremden gegenüber ist er offen und neugierig, nicht misstrauisch. Mit anderen Hunden ist er in der Regel verträglich. Der Jagdtrieb ist vorhanden und individuell unterschiedlich ausgeprägt – Freilauf in wildreichen Gebieten ohne vorheriges Training ist nicht empfehlenswert. Als Stadtbewohner kann er sich durchaus einleben – wenn er gut sozialisiert und mit Feingefühl an städtische Reize gewöhnt wird.

Was du mit ihm erleben kannst

Als Jagdgebrauchshund ist der Magyar Vizsla in allen Disziplinen außer der Baujagd einsetzbar und hochbegabt. Für Nicht-Jäger bieten Mantrailing, Fährtenarbeit, Dummytraining und Nasenarbeit ausgezeichneten Ersatz, der seiner Naturanlage gerecht wird. Obedience, Agility, Wanderungen, Radbegleitung, Canicross – er bringt Freude und Ausdauer für alle diese Aktivitäten mit. Wichtig: strukturierte Ruhezeiten gezielt einbauen, Qualität vor Quantität.

Genau dein Typ? – Für wen der Magyar Vizsla passt

Der Magyar Vizsla passt zu aktiven, sportlichen Menschen, die intensive tägliche Beschäftigung als Freude und nicht als Pflicht erleben. Er passt zu Jägern und Hundesportbegeisterten. Er passt zu Menschen, die eine tiefe, empathische Bindung mit einem Hund suchen und bereit sind, auch an der eigenen Konsequenz zu arbeiten. Er passt nicht zu Menschen, die wenig Zeit haben oder lange außer Haus sind. Nicht zu Haushalten, in denen er dauerhaft allein gelassen wird. Nicht zu Menschen, die einen distanzierten, selbstständigen Hund bevorzugen. Wer aber bereit ist, auf einen Hund einzugehen, der alles spürt, alles spiegelt und allem mit einem unerschöpflichen Enthusiasmus begegnet – dem bietet der Vizsla eine Partnerschaft, die kein Lottogewinn übertreffen kann.

Aktivitätstyp: A / Charaktertyp: B

Steckbrief und Geschichte

WEIMARANER

Nobel, sportlich, eine Klasse für sich – und dabei ein Hund, der drei Seelen in seiner Brust trägt: Jagdprofi, Beschützer und zu groß geratene Schmusekatze. Wer ihn wegen seiner Schönheit anschafft, bekommt einen unglücklichen Hund.

Nase an, Kopf an, Vollgas – was diesen Hund antreibt

Der Weimaraner liebt drei Dinge über alles: seine Nase einsetzen, seinen Menschen gefallen – und dorthin, wo sein Mensch ist. Ein Vollgebrauchshund durch und durch, der im Jagdeinsatz arbeitsfreudig und fokussiert ist, unermüdlich, aber nie hektisch oder übers Ziel hinausschießend. Stöbern, Vorstehen, Verlorenbringen, Wasserarbeit, Schweißarbeit – er beherrscht das ganze Repertoire und bringt dafür eine Nase mit, die ihresgleichen sucht. Was er nicht liebt: Unterforderung. Wer ihm nichts zu tun gibt, bekommt einen Hund, der sich selbst beschäftigt – und das selten auf eine Weise, die dem Wohnzimmermobiliar bekommt. Der Weimaraner braucht geistige Anforderungen, die weit über Tricktraining und Agility hinausreichen. Rettungshundearbeit, Mantrailing, Turnierhundesport – alles, was Nase und Kopf fordert, ist willkommen. Aber die Königsdisziplin bleibt die Jagd. Dass er dabei apportiert, was sich nicht bei drei auf den Bäumen befindet, ist kein Zufall: Er trägt von Natur aus gern, ist ausdauernd in seinem Tun und lässt sich durch Dickicht, Kälte oder widrige Umstände kaum aufhalten. Das macht ihn zum idealen Jagdbegleiter – und zum Partner, der in der Hundeschule schnell langweilt.

Mini-Steckbrief

FCI-Gruppe: 7;
Ursprungsland: Deutschland;
Schulterhöhe: Rüden 59–70 cm, Hündinnen 57–65 cm;
Gewicht: Rüden ca. 30–40 kg, Hündinnen ca. 25–35 kg;
Alter: 10–14 Jahre

Alle für einen, einer für alle – Charakter

Um es frei nach Goethe zu sagen, dessen Weggefährte Carl August von Sachsen-Weimar-Eisenach dem Weimaraner seinen Namen gab: Drei Seelen wohnen, ach, in seiner Brust. Im Jagdeinsatz ist er konzentriert und unermüdlich. Gerät sein Mensch in eine brenzlige Situation, wird er zum mutigen Beschützer. Und zuhause entpuppt er sich als zu groß geratene Schmusekatze. Gegenüber Fremden ist er eher desinteressiert bis reserviert – kein Everybody's Darling. Wer aber einmal in seinen inneren Kreis aufgenommen wurde, wird mit einer Intensität der Zuneigung überschüttet, die manchmal fast zu viel ist. Er schließt sich eng an seine Menschen an, möchte immer dabei sein und wittert Führungsschwäche mit einer Zuverlässigkeit, die beeindruckend wäre, wenn sie nicht so unbequem wäre. Stumpfer Gehorsam ist seine Sache nicht. Er möchte gefallen – aber er versteht den Sinn hinter einer Anweisung und setzt sie nur um, wenn er die Führung seines Menschen respektiert. Wer hochkonzentriert bleibt, bekommt einen Hund, der hervorragend hört. Wer nicht aufpasst, verabschiedet sich mit einem eleganten Grau diskret in den Wald.

Jagdlich mit geistiger Komponente – Aktivitätslevel

Der Weimaraner braucht täglich intensive Bewegung – und das ist die leichtere Hälfte der Anforderung. Viel entscheidender ist die geistige Auslastung. Körperliche Betätigung allein reicht nicht. Er braucht Aufgaben, die seine Nase, seinen Verstand und

seinen Arbeitstrieb ansprechen. Hunde aus der Kurzhaar-Varietät, die etwa zwei Drittel aller Weimaraner ausmacht, sind pflegeleicht: Das glatte Fell braucht wenig Aufmerksamkeit, Krallen schneiden und regelmäßige Ohrenkontrolle sind Standard. Beim Langhaar muss je nach Fellstärke zweimal im Jahr die Unterwolle professionell entfernt werden.
Er ist kein Hund, der allein bleibt. Er ist ein Begleiter – im Wortsinn. Die Vorstellung, ihn tagsüber sich selbst zu überlassen, ist weder für ihn noch für den Menschen eine gute Idee.

Loyal nach innen, reserviert nach außen – Sozialverhalten

Mit seiner Familie ist der Weimaraner von einer tiefen, anhänglichen Loyalität. Mit Artgenossen ist er bedingt verträglich und legt auf Kontakte mit fremden Hunden oft nur gemäßigten Wert – kein ausgeprägter Socializer, aber auch kein aggressiver Typ. Den Beschützerinstinkt gegenüber seiner Familie sollte man weder unterschätzen noch unkontrolliert lassen.
Zu Kindern verhält er sich bei guter Sozialisation freundlich, wobei seine Körpergröße und sein Bewegungsdrang bei kleinen Kindern aktive Aufsicht erfordern. Als Familienhund funktioniert er – aber nur, wenn er rassegerecht ausgelastet ist. Ein Weimaraner als reiner Familienhund ohne Aufgabe leidet. Das Ergebnis dieser Unterforderung kann sich in Zerstörungsverhalten, übersteigertem Schutztrieb oder sozialen Spannungen äußern.

Was du mit ihm erleben kannst

Der Weimaraner öffnet nahezu jede Tür im jagdlichen Bereich: Vorstehen, Apportieren zu Land und Wasser, Schweißarbeit, Verlorenbringen – er ist ein echter Vollgebrauchshund, der in allen Disziplinen eingesetzt werden kann.

Für Jägerinnen und Jäger, die einen vielseitigen, verlässlichen Begleiter suchen, ist er eine der besten Optionen im deutschen Zuchtbuch. Für Nicht-Jäger gibt es anspruchsvolle Alternativen: Rettungshundearbeit und Mantrailing entsprechen seiner Nasenleistung und seinem Finderwillen am besten. Turnierhundesport, Fährtenarbeit, Schutzhundesport – auch dort findet er seinen Platz. Wichtig ist immer: Es muss eine echte Aufgabe sein, keine Beschäftigung zum Zeitvertreib.

Genau dein Typ? – Für wen der Weimaraner passt

Der Weimaraner passt zu aktiven, erfahrenen Menschen, die täglich Zeit für intensive, inhaltlich anspruchsvolle Arbeit mit ihrem Hund aufbringen können – und wollen. Er passt zu Jägerinnen und Jägern, zu Rettungshundeführenden, zu Menschen, die wirklich kooperieren möchten statt nur zu kommandieren. Er braucht jemanden, der konsequent ist, ohne hart zu sein – und der versteht, dass ein selbstbewusster Hund kein Fehler ist, sondern ein Wesensmerkmal.

Er passt nicht zu Menschen, die einen Hund suchen, der sich selbst beschäftigt. Nicht zu Haushalten, in denen er viele Stunden täglich allein ist. Nicht zu Ersthundehaltern ohne engmaschige Begleitung. Und ausdrücklich nicht zu Menschen, die ihn wegen seiner Schönheit anschaffen – die Optik ist das Erste, was man sieht, aber das Letzte, was im Alltag zählt.

Wer aber bereit ist, ihm gerecht zu werden – mit Jagd oder einer echten Ersatzbeschäftigung, mit Konsequenz und Feingefühl, mit echter Führung –, bekommt einen Hund, der zurückgibt, was er bekommt: alles.

Aktivitätstyp: A / Charaktertyp: B

Steckbrief und Geschichte

RHODESIAN RIDGEBACK

Körper wie aus Marmor gemeißelt, Blick voller Würde – und ein Temperament, das seinen Menschen manchmal weinend im Wald zurücklässt. So loyal. Und so unabhängig.

Laufen, Schnuppern, Erkunden – was dieser Hund liebt

Ein Rhodesian Ridgeback, der nichts zu tun hat, erfindet sich Aufgaben. Der Löwenhund aus dem südlichen Afrika ist kein Hund, der sich mit einem Spaziergang täglich zufriedengibt und ansonsten auf dem Sofa wartet. Er ist ein Laufhund, ein Nasenhund, ein Hund, der Raum braucht – buchstäblich und im übertragenen Sinne.

Was er liebt: Bewegung in der Natur, lange Strecken, freie Erkundung. Er ist gemacht für Ausdauer, nicht für Schnelligkeit allein – in der Savanne musste er Raubkatzen nicht überrennen, sondern auf Distanz halten, strategisch und beharrlich. Diese Eigenschaft steckt noch immer in ihm: Er ist kein Sprinter, der nach kurzer Zeit erschöpft ist, sondern ein Ausdauerathlet, der mit Stunden rechnet.

Die Nase ist sein zweites großes Werkzeug. Fährtenarbeit und Mantrailing liegen ihm tief im Blut – er ist als Nachfolgehund für geschossenes Wild ausgezeichnet geeignet, auch wenn der Jagdgebrauchshundeverband (JGHV) ihn bislang nicht offiziell als Jagdhunderasse anerkannt hat. Beim Mantrailing in Rettungshundestaffeln wird er dagegen erfolgreich eingesetzt.

Als Begleitpartner beim Joggen, Radfahren, Wandern und Reiten ist er kaum zu überbieten. Zughundesport – Canicross, Bikejöring, Sled

Mini-Steckbrief

FCI-Gruppe: 6;
Ursprungsland: Südliches Afrika (FCI-Patronat: Simbabwe);
Schulterhöhe: Rüden 63–69 cm, Hündinnen 61–66 cm;
Gewicht: Rüden 36,5–41 kg, Hündinnen 29–34 kg;
Alter: 10–14 Jahre

Dog Sport – passt zu seinem Ausdauervermögen. Drei Stunden gemeinsame Aktivität täglich sind laut erfahrenen Haltern keine Übertreibung, sondern eine realistische Planung. Was er weniger liebt: Regen und Kälte. Seine fehlende Unterwolle macht ihn empfindlicher als andere Rassen, und Nasskaltes ist für viele Vertreter kein Anlass zur Freude. Ein funktionaler Mantel hilft – aber die Meinung hat jeder Ridgeback selbst.

Würdevoll, selbstbewusst, feinfühlig – Charakter

Wer erwartet, im Rhodesian Ridgeback einen gefälligen Familienhund zu finden, der auf Kommando alles macht und dabei immer gut gelaunt ist, wird überrascht sein. Der Ridgeback ist ein Hund mit ausgeprägtem Selbstbewusstsein und klaren Vorstellungen. Er ist selbstständig, intelligent und in der Lage, Entscheidungen eigenständig zu treffen – und das ist kein Fehler, sondern das Ergebnis von Jahrhunderten gezielter Selektion auf genau diese Eigenschaft. Für den „Tanz mit dem Löwen" musste er furchtlos und entschlossen sein, aber nie tollkühn. Diese Balance zwischen Mut und strategischer Zurückhaltung ist bis heute im Wesen verankert. Er wirft sich nicht ins Abenteuer ohne Abschätzung, er beobachtet zuerst, wägt ab, entscheidet dann. Fremden gegenüber ist er zurückhaltend bis distanziert; er lässt sich nicht von jedermann anfassen, und das gilt es zu respektieren. Die Bandbreite der Charaktere ist beim Ridgeback groß: Es gibt Draufgänger und Sensibelchen, Stoiker und Emotionsbolzen. Was alle verbindet, ist die außergewöhnlich enge Bindung an ihre Bezugsperson. Diese Anhänglichkeit ist Fluch und Segen zugleich – ein Ridgeback, der sich einsam oder unausgelastet fühlt, drückt das kreativ aus. Was das schicke Ledersofa dann erlebt, sollte man nicht unterschätzen.

Sensibilität ist ein Schlüsselwort für diese Rasse. Druck und Zwang in der Erziehung funktionieren nicht – oder sie funktionieren kurzfristig und erzeugen langfristig Probleme. Eine ruhige, souveräne Führung, die dem Hund Orientierung und Sicherheit gibt, ist das Fundament jeder erfolgreichen Ridgeback-Haltung. Zu strenge Hand nimmt er übel. Der ausgeprägte Schutz- und Jagdtrieb sowie das territoriale Verhalten sind Rassemerkmale, die nicht weggezüchtet werden können und auch nicht sollen. Diese Eigenschaften verantwortungsvoll umzulenken – in Mantrailing, Fährtenarbeit, Sport – ist die Kunst der Ridgeback-Haltung.

Aktivitätslevel – kein Couchpotato, aber kein Dauerbrenner

Für bequeme Menschen ist der Rhodesian Ridgeback nicht geeignet – das ist eine

ehrliche Einschätzung, die von erfahrenen Haltern und Trainern gleichermaßen geteilt wird. Er braucht täglich mehrere Stunden Beschäftigung und gemeinsame Erlebnisse. Das ist keine Option, sondern Grundvoraussetzung für ein ausgeglichenes Miteinander.

Was sich bewährt: täglich mindestens eine ausgedehnte Einheit mit echter körperlicher Belastung, ergänzt durch Nasenarbeit oder andere mentale Stimulation. Reine Spaziergänge auf Asphalt reichen nicht. Er braucht Gelände, Freiläufe, Situationen, in denen er selbst denken und entscheiden darf.

Trotz seines hohen Bewegungsbedarfs ist der Ridgeback drinnen ein erstaunlich ruhiger Vertreter. Er bellt wenig, solange sich keine Fremden nähern, und liegt gern auf warmen, weichen Plätzen – am liebsten erhöht, um seine Umgebung überblicken zu können. Das Aktivitätslevel folgt damit einem klaren Muster: draußen ausdauernder Athlet, drinnen gemütlicher Beobachter.

Bei jungen Ridgebacks ist Vorsicht geboten: Durch ihre lange Wachstumsphase sollten intensive körperliche Aktivitäten in den ersten zwei Jahren auf niedrigem Niveau bleiben, um die Gelenke nicht zu überlasten.

Würde und Wärme – Sozialverhalten

Der Rhodesian Ridgeback ist kein Hund, der jeden sofort an sich heranlässt. Fremden gegenüber ist er tendenziell zurückhaltend bis distanziert; in neuen Situationen beobachtet er zunächst, bevor er handelt. Das ist kein Wesensdefizit, sondern Rassecharakter – und es bedeutet, dass frühe und breite Sozialisation unerlässlich ist.

Gegenüber seiner Familie ist er von einer tiefen, manchmal überwältigenden Zuneigung. Er sucht Nähe, folgt seinen Menschen durch die Wohnung und nimmt Trennungen schwer. Mehrere Stunden allein lassen sollte gut auf-

gebaut werden; ein Ridgeback, der das nicht gelernt hat, kann deutlich destruktiver werden als seine elegante Erscheinung vermuten lässt.
Mit anderen Hunden kommt er in der Regel gut aus, wenn er gut sozialisiert ist. Mit unbekannten Hunden, die seinen Raum unterschreiten, kann er reserviert reagieren.
Kleintiere und der ausgeprägte Jagdtrieb passen grundsätzlich nicht zusammen.
In der Familie mit Kindern funktioniert der Ridgeback gut, wenn Kinder ruhig und respektvoll sind und den Hund nicht überrumpeln. Für Kleinkinder ist er eher eine Rasse für erfahrene Eltern, die sowohl Kind als auch Hund konsequent begleiten können.
Als Spätentwickler überrascht er in den ersten Jahren regelmäßig mit neuen Ideen und Verhaltensweisen – was die Beziehung spannend, aber nie langweilig macht.

Was du mit ihm erleben kannst

Der Rhodesian Ridgeback ist in einem Bereich nahezu unschlagbar: bei Ausdaueraktivitäten in der Natur. Canicross, Bikejöring, lange Wanderungen, Reitbegleitung – er ist gemacht für Kilometer, für offenes Gelände, für Stunden in Bewegung.
Mantrailing ist die Sportart, die ihm am nächsten kommt: Die Kombination aus eigenständiger Nasenarbeit, körperlichem Einsatz und Aufgabenorientierung entspricht seiner Natur. In Rettungshundestaffeln wird er eingesetzt und zeigt dort seine Qualitäten als Schweißhund. Fährtenarbeit in allen Varianten nutzt seine hervorragende Nase.
Jogging, Radfahren und Wandern sind Alltagsoptionen, für die er ideal geeignet ist – er hält jedes Tempo mit, solange es keine kurzen Sprints ohne Ziel sind. Zughundesport ist eine natürliche Erweiterung seiner Lauffreude.
Agility ist möglich, aber nicht seine größte Leidenschaft – für die Wendigkeit eines Kooikers oder die Fokussierung eines Border Collies ist er nicht gebaut. Tricktraining und Nasenspiele ergänzen das Programm an Tagen, an denen intensive körperliche Arbeit nicht möglich ist.
Auf Ausstellungen ist er eine würdevolle Erscheinung, und im Ring soll er laut Rassestandard Selbstsicherheit, mühelose Bewegung und die Körperspannung eines arbeitsfähigen Hundes zeigen. Wer seinen Ridgeback ausstellen möchte, braucht einen Hund, der die erforderlichen Wesenstests – inklusive Schussfestigkeit – bestanden hat.
Fellpflege ist denkbar einfach: Das kurze Fell braucht kaum Aufwand. Im Winter auf ausreichenden Wärmeschutz achten; der Hund selbst zeigt deutlich, wenn ihm kalt ist.

Genau dein Typ? – Für wen der Rhodesian Ridgeback passt

Der Rhodesian Ridgeback ist ein Hund für Menschen, die Größe, Selbstbewusstsein und Eigenständigkeit nicht als Bedrohung, sondern als Qualitäten sehen. Die verstehen, dass ein Hund mit dieser Geschichte und diesem Charakter nicht auf Unterwerfung gezüchtet wurde – und das auch nicht erwarten.
Er passt zu aktiven Menschen, die täglich mehrere Stunden für gemeinsame Aktivitäten einplanen können und wollen. Die Ausdauer lieben – beim Joggen, beim Wandern, beim Radfahren, beim Mantrailing. Die konsequent und einfühlsam zugleich sein können, weil diese Kombination für den sensiblen Riesen die einzig funktionierende ist.
Er passt zu erfahrenen Hundehaltern, die mit eigenständigen Rassen umgehen können, oder zu Ersthundehaltern mit sehr gutem Zugang zu Fachberatung und berufener Hundeschule. Er passt zu Familien ohne sehr kleine Kinder – mit älteren Kindern und ruhigem Familienalltag funktioniert er gut.
Er passt nicht zu dir, wenn du wenig Zeit hast. Nicht, wenn du „Controllability" über alles stellst. Nicht, wenn Kleintierhaltung im Haushalt dazugehört und du auf eine harmonische Integration hoffst. Und nicht, wenn du

einen Hund suchst, der sofort mit jedem Menschen warm wird – das ist der Ridgeback nicht, und das wird er nie sein.
Wer aber bereit ist, sich auf diese wunderbare, eigenständige Persönlichkeit einzulassen – die tief verwurzelte Treue, die strategische Klugheit und das Leben mit einem Hund, dem man manchmal weinend im Wald nachschaut, weil er gerade einen eigenen Plan verfolgt –, der bekommt einen der faszinierendsten Begleiter, die die Hundewelt zu bieten hat. Jede Träne wert.

Aktivitätstyp: B / Charaktertyp: A

Steckbrief und Geschichte

LAGOTTO ROMAGNOLO

Er sieht aus wie ein Schäfchen, hat das Schauspieltalent eines italienischen Fußballers und eine Nase, die Trüffel in 300 Meter Radius erschnüffelt – und das mit einem Lächeln.

Nase, Wasser, Wille – was dieser Hund liebt
Wenn eine Lagotto-Hündin in Frankreich plötzlich zur Sopranistin wird und Frequenzen produziert, bei denen einem die Ohren klingeln, gibt es dafür einen einzigen Auslöser: eine Trüffelplantage in der Nähe. Die Nase des Lagotto Romagnolo ist kein Werkzeug – sie ist seine Identität. Alles, was diese Rasse tut, tut sie mit der Nase voraus.
Was er liebt: suchen, finden, apportieren. Trüffelsuche ist die Königsdisziplin und tief in seiner Geschichte verwurzelt – aber er ist kein Spezialist, der sich darauf beschränkt. Mantrailing, ID-Tracking, Artenspürarbeit, Rettungshundearbeit, Schulhundarbeit im Hospiz – er bringt für jede Nasenarbeit die besten genetischen Grundlagen mit. Sein Arbeitseifer ist hoch, seine Lernfähigkeit bemerkenswert, sein strategisches Denken ungewöhnlich für einen Gebrauchshund.
Er liebt Wasser – nicht nur, weil es ursprünglich sein Element war. Mit Zwischenzehenmembran als Paddel und karottenförmiger Steuerruder-Rute ist er dafür anatomisch optimal ausgestattet. SUP, Kanu, Schwimmen – er ist dabei.
Was er nicht mag: langweilige Spaziergänge ohne Inhalt, Unterforderung und – wenn er das Falsche gelernt hat und korrigiert werden soll – das kostet deutlich mehr Energie als das richtige Einführen von Beginn an.

Charmeur mit Dramatik-Einlage – Charakter

Der Lagotto Romagnolo ist menschenbezogen, anhänglich, fröhlich und von einer Lebendigkeit, die den Alltag bereichert. Er ist klug – nicht im eifrigen, willenlos-gefälligen Sinn, sondern strategisch und selbstständig. Als alte Arbeitsrasse hat er Generationen damit verbracht, allein zu entscheiden, wohin die Nase ihn führt und wie er das Problem löst. Das ist bis heute sichtbar: Er denkt, bevor er handelt.
Der charmante Italiener hat allerdings auch einen Sinn für Dramatik. Wenn er sich ungerecht behandelt fühlt, zeigt er das – ausdrucksstark, körpersprachlich deutlich, gelegentlich mit der Emphase eines Fußballspielers nach einem Foul. Von diesem Charme darf man sich nicht zu sehr um den Finger wickeln lassen, empfehlen Kenner übereinstimmend. Liebevolle Konsequenz ist der richtige Umgang.
Er ist territorial und wachsam – er meldet, wenn jemand nahekommt, lässt aber bei guter Erziehung jeden Gast rein. Im Haus ist er ausgeglichen und angenehm, draußen lebt er auf.

Aktivitätslevel – hoch, arbeitsorientiert, mit Ruhedrang

Der Lagotto braucht täglich echte Beschäftigung. Nicht nur Kilometer, sondern Inhalt: Nasenarbeit, Apportieren, Suchspiele, Hundesport. Er kann überdrehen – nach intensiver Arbeit braucht er aktive Ruhe, damit sich der Akku regeneriert. Wer dieses Gleichgewicht hält, hat einen zufriedenen, ausgeglichenen Hund.
Das Fell ist sein aufwändigster Begleiter: Das enge, lockige Kraushaar verfilzt schnell, haart nicht und sollte zwei- bis dreimal im Jahr vollständig geschoren werden. Zwischen den Scherungen: regelmäßiges Bürsten, Bartpflege, Ohrenzupfen. Wer Pflege unterschätzt, kämpft schnell mit einer 80er-Jahre-Dauerwelle, die nicht mehr zu bändigen ist.

Mini-Steckbrief

FCI-Gruppe: 8;
Ursprungsland: Italien;
Schulterhöhe: Rüden 43–48 cm, Hündinnen 41–46 cm;
Gewicht: Rüden 13–16 kg, Hündinnen 11–14 kg;
Alter: 15–17 Jahre

Kooperativ und neugierig – Sozialverhalten

Mit seiner Familie ist der Lagotto herzlich, wach und äußerst kommunikativ. Er bindet sich eng an seine Bezugsperson und möchte Teil des Familienlebens sein – nicht im Zwinger, sondern mittendrin. Gegenüber Fremden zeigt er individuell unterschiedliche Reaktionen: teils offen, teils neutral, manchmal reserviert. Frühzeitige Sozialisation ist wichtig. Mit Artgenossen ist er tendenziell verträglich. Er hat keinen ausgeprägten Jagdtrieb – ein Vorteil für die Arbeit im Naturschutz und als Suchpartner. Als Schulhund und Hospiz-Begleithund überzeugt er mit seinem feinen Gespür und seiner Bereitschaft zur Kooperation.

Was du mit ihm erleben kannst

Der Lagotto ist ein Suchhund durch und durch. Trüffelsuche – in Frankreich und der Schweiz mit offizieller Prüfung möglich – ist seine natürlichste Beschäftigung. In Deutschland sind die Auflagen zu beachten; einige Arten stehen unter Naturschutz. Mantrailing, ID-Tracking, Artenspürarbeit (Windrad-Opfer, Borkenkäfer, Bettwanzen), Rettungshundearbeit – er bringt für alle diese Nasenarbeitsdisziplinen ausgezeichnete Voraussetzungen mit. Agility und Hoopers ergänzen das Bild sportlich. Dummytraining nutzt seine Apportierfreude. Als Schul- und Besuchshund im Hospiz überzeugt er mit Feingefühl und Kooperationsbereitschaft. Wanderungen, SUP, Kanu, Schwimmen – er ist wetterfest, wasserfest und ausdauernd. Die Fellpflege ist der zeitintensivste Teil der Haltung.

Genau dein Typ? – Für wen der Lagotto Romagnolo passt

Der Lagotto passt zu aktiven Menschen, die tatsächlich mit ihrem Hund arbeiten wollen – und die „Arbeit“ nicht als gelegentliches Frisbeespiel definieren. Er passt zu Nasenarbeit-

KLEINER MÜNSTERLÄNDER

Klein ist an diesem Hund gar nichts – sein Jagdeifer ist riesig, sein Charme ebenso, und wer ihm nicht die richtige Bühne bietet, bekommt einen Hund mit zu vielen eigenen Ideen.

Allrounder auf vier Pfoten – was dieser Hund liebt

Wenn der Kleine Münsterländer in der Hecke verschwindet und kurz darauf mit geschwellter Brust und dem charakteristischen erhobenen Vorderlauf wieder auftaucht, kommuniziert er etwas Präzises: Hier ist Wild. Warte auf meine Anweisung. Diese Geste – das Vorstehen – ist eine der elegantesten Kommunikationsleistungen im Zusammenspiel von Mensch und Jagdhund. Der „Münsti" tut sie aus tiefster Überzeugung. Was er liebt: alles, was Nase, Körper und Teamarbeit verbindet. Feldsuche, Buschieren, Stöbern, Schweißarbeit, Wasserarbeit, Apportieren – er ist in jedem dieser Bereiche zu Hause. Jäger schätzen ihn als vielseitigen Partner für Einzel- und Gesellschaftsjagden, weil er sowohl vor als auch nach dem Schuss verlässlich arbeitet. Der feinen Spur eines angeschossenen Wildes folgt er mit hartnäckiger Ausdauer, und Wasser hält ihn dabei nicht auf. Im Gegenteil: Viele Kleine Münsterländer sind echte Wasserratten und apportieren Enten aus dem Tümpel mit derselben Begeisterung, mit der andere Hunde einen Ball werfen lassen. Wer keinen Jagdschein hat, muss diesen Hund nicht aufgeben – aber man muss ihm gleichwertige Ersatzbeschäftigung geben. Mantrailing, Fährtenarbeit, Nasenarbeit in allen Varianten, Dummytraining, Rettungshundearbeit,

Begeisterten, Hundesportlern, Menschen in ländlichen und halbstädtischen Umgebungen. Er passt zu Familien, die aktiv sind, zu Menschen mit Wassersportnähe, zu Naturschutz-Interessierten, die einen echten Arbeitspartner suchen.Er passt nicht zu Menschen, die nur wenig Zeit für tägliche intensive Beschäftigung haben. Nicht zu jemandem, dem regelmäßige Fellpflege ein Gräuel ist. Und nicht zu Haltern, die seinen Charme für vollständige Kooperationsbereitschaft halten – er ist klug, charmant und braucht klare, liebevolle Führung. Wer aber einen Hund will, der jeden Tag etwas entdeckt, der mit der Nase in der Welt ist und dabei strahlt – der findet im Lagotto Romagnolo einen der großartigsten Arbeitspartner, die es im Mittelformat gibt.

Aktivitätstyp: B / Charaktertyp: A-B

Steckbrief und Geschichte

Mini-Steckbrief

FCI-Gruppe: 6;
Ursprungsland: Deutschland;
Schulterhöhe: Rüden 54 cm (±2 cm),Hündinnen 52 cm (±2 cm);
Gewicht: ca. 17–25 kg;
Alter: 12–14 Jahre

Agility – er bringt für all das die Voraussetzungen mit. Die Kombination aus feiner Nase, Kooperationsbereitschaft, Lernfreude und physischer Belastbarkeit macht ihn zu einem ernstzunehmenden Sporthund. Was er nicht möchte: kurze Spaziergänge ohne Inhalt, bei denen sein Frauchen oder Herrchen an die Einkaufsliste denkt.

Zwei Seelen in einer Brust – Charakter

Im Haus ist der Kleine Münsterländer oft die Ruhe selbst. Er kuschelt, entspannt, sucht die Nähe seiner Menschen und passt sich dem Familienrhythmus an. Draußen – da erwacht sein Jägerherz. Hellwach scannt er die Umgebung. Weder das wehende Blatt am Horizont noch das winzige Geruchsmolekül, das ein Waldbewohner hinterlassen hat, entgeht ihm. Hat er eine Spur, folgt er ihr mit ebenso viel Leidenschaft wie Nachdruck. Diese beiden Seelen – der entspannte Kuschelpartner und der fokussierte Jagdprofi – wohnen in ein und demselben Hund. Das ist kein Widerspruch, sondern das Wesen der Rasse. Er ist sehr intelligent, lernfreudig und kooperativ. Dabei ist er kein Hund, der blind gehorcht – er hinterfragt, wenn er Zeit hat und Gelegenheit findet. Ohne ausreichende Auslastung und klare Führung beginnt er, selbst Lösungen für seine Bedürfnisse zu suchen. Was das bedeutet, merkt man spätestens beim Rückruf, wenn gerade etwas Interessantes im Unterholz stöbert. Konsequenz ist daher kein optionales Add-on, sondern Grundvoraussetzung. Dem Typus nach ist der Münsti menschenfreundlich, anhänglich, kinderlieb und sozialverträglich. Er bindet sich eng an seine Familie und ist kein Hund für den Zwinger oder dauerhafte Einsamkeit. Das Familienleben liegt ihm – solange der Jagdinstinkt durch ausreichende Beschäftigung befriedigt wird.

Aktivitätslevel – hoch, aber sinnorientiert
Der Kleine Münsterländer ist kein Hund, der sich mit einem gemütlichen Spaziergang täglich begnügt. Sein Aktivitätsbedarf ist hoch, vor allem aber qualitativ anspruchsvoll. Es geht nicht nur darum, Kilometer zu fressen, sondern darum, die Nase zu beschäftigen, Entscheidungen zu treffen, zu suchen und zu finden.
Jäger führen ihn täglich in seinem Revier, und das über Stunden. Wer ihn nicht jagdlich führt, muss diesen Zeitaufwand durch Hundesport oder intensive Nasenarbeit kompensieren. Ein Kleiner Münsterländer ohne ausreichende Beschäftigung entwickelt mit hoher Wahrscheinlichkeit problematisches Verhalten: Weglaufen, Bellen, Destruktivität oder ein unkontrollierbarer Jagdtrieb im Alltag.
Drinnen ist er ein angenehmer Hausgenosse – ruhig, ausgeglichen, nicht überdreht.
Die Stadtwohnung ohne täglichen ausgedehnten Auslauf in die Natur ist aber schlicht der falsche Kontext für diesen Hund.

Mit Jägerhand und Familienseele – Sozialverhalten
Der Kleine Münsterländer ist sozial, familienbezogen und in der Regel überaus kinderfreundlich. Er sucht den Kontakt zu seinen Menschen, lässt sich in den Alltag integrieren und ist – bei früher Sozialisation – mit anderen Hunden und Haustieren gut verträglich.
Das Thema Leinenführigkeit ist ein klassisches Trainingsfeld: Mit einer interessanten Nase in der Welt und einem Jagdinstinkt, der sehr stark sein kann, ist die Konzentration auf den Menschen beim Gassigang keine Selbstverständlichkeit. Rückruf und Orientierung am Menschen sind erfahrungsgemäß die häufigsten Gründe, warum Münsterländer-Halter Hundeschulen aufsuchen.
Mit anderen Hunden ist er gut verträglich, mit Katzen und Kleingetier situationsabhängig. Da das Stöbern sein Kerngeschäft ist, sollte das Zusammenleben mit kleinen Tieren frühzeitig und sehr konsequent aufgebaut werden.

Was du mit ihm erleben kannst
Der Kleine Münsterländer ist für seine jagdliche Arbeit optimiert – und darin ist er außergewöhnlich gut. Feldsuche, Buschieren, Stöbern, Schweißarbeit und Wasserarbeit sind seine angestammten Disziplinen. Jäger, die einen vielseitigen Partner für praktisch jedes Gelände und jeden Jagdtyp suchen, finden im Münsti einen der verlässlichsten Gefährten im Jagdhundwesen.
Auch für Nichtjäger öffnet sich eine breite Aktivitätspalette: Mantrailing nutzt seine Nase und seinen Arbeitseifer optimal. Dummytraining imitiert die Apportierarbeit nach dem

Schuss und hält ihn körperlich und mental ausgelastet – besonders das Apportieren aus dem Wasser begeistert ihn. Fährtenarbeit, Nasenarbeit, Rettungshundearbeit und Agility passen gut zu seinem kooperativen Arbeitsstil. Ausgedehnte Wanderungen in der Natur, Radfahrbegleitung, Jogging – er hält mit, schlechtes Wetter hält ihn dabei nicht ab.

Für die Ausstellung gilt: Er ist ein legitimer Bewerber in seiner Gruppe, tritt aber seltener in ringübergreifenden Ausstellungen an als auf Spezialzuchtschauen. Im Ring zeigt er Eleganz, freie Bewegung und freundliches Temperament.

Fellpflege ist einfach: Regelmäßiges Bürsten genügt. Nach Geländegängen sorgfältig auf Grannen, Kletten und Zecken untersuchen – sein Langhaar ist ein Magnet für alles, was Wald und Wiese hergeben.

Genau dein Typ? – Für wen der Kleine Münsterländer passt

Der Kleine Münsterländer passt zu aktiven Menschen, die ihre Zeit draußen verbringen – am liebsten täglich, am liebsten mit echten Aufgaben. Er passt zu Jägern, die einen zuverlässigen Allroundhund suchen, der vor und nach dem Schuss arbeitet. Er passt zu Sporttreibenden, die Nasenarbeit, Mantrailing oder Dummytraining ernsthaft betreiben. Und er passt zu Familien, die einen lebhaften, herzlichen, kooperativen Begleiter suchen – sofern die Familie aktiv genug ist, seinen Bedürfnissen zu entsprechen.

Er passt nicht zu dir, wenn die Stadt dein natürliches Habitat ist und Natur nur am Wochenende vorkommt. Nicht, wenn du einen ruhigen, genügsamen Alltagshund suchst, der sich mit einem Spaziergang zufriedengibt. Nicht, wenn du denkst, seine Freundlichkeit bedeute Pflegeleichtigkeit – denn hinter der Wärme steckt ein Hund, der gefordert werden will.

Wer sich aber auf ihn einlässt und ihm gibt, was er braucht, bekommt einen Jagdprofi und Familienheld in einem – ein Hund, der auf der Pirsch buchstäblich in einem anderen Aggregatzustand ist als daheim auf dem Sofa. Und der beide Seiten mit vollem Herzen lebt

Aktivitätstyp: A / Charaktertyp: B

Steckbrief und Geschichte

**Außerdem:
Portraits Deutsch Kurzhaar & Kooikerhondje**

5.4 TERRIER – DIE LEIDEN-SCHAFTLICHEN

Kompetent, mutig, voller Energie

Klein, aber kraftvoll – ideal für alle, die quirlig-intensive Hunde lieben.

Terrier sind die Allrounder unter den kleinen bis mittegroßen Hunden. Und doch haben sie Eigenheiten, die egal ob groß oder klein, ihren Charakter kennzeichnen. Wenn du ebenso ein Charakterkopf bist wie die meisten der hier vorgestellten Terrier, wirst du ihn zwar nicht blind verstehen – aber ihm doch sehr nahestehen und dich manchmal selbst in ihm erkennen.

Maria Rehberger, Hundetrainerin und langjährige Halterin von Parson Russel Terriern, charakterisiert sie wie folgt:

„Jeder Terrier ist auch ein Individuum"

Mein Zugang zu den Terriern begann mit Maja, einer Hündin aus dem Tierschutz, die mir als Retrievermischling vermittelt wurde – wahrscheinlich wegen des Semmelblonds. Aber nach kürzester Zeit verwandelten sich die Ohren in Pommesbeutelchen, und vom ganzen Wesen her habe ich da keinen Retriever gefunden. Maja hat mich den letzten Nerv gekostet, war laut, vorwärtsstürmend, kompromisslos in ihrer Meinung. Kurz: typisch Terrier. Und genau das hat mich angefixt. Man kann nicht pauschal sagen, alle Terrier sind gleich. Grundtendenzen sind ähnlich – aber jeder ist auch ein Individuum.

Was macht den Terrier wirklich aus?
Um den Terrier zu verstehen, muss man wissen, wofür er ursprünglich gezüchtet wurde. Terrier sind Bau- und Erdhunde. Sie sollen in den Fuchs- oder Dachsbau rein, Rabatz machen, das Tier stellen, es aus dem Bau sprengen. Und dabei arbeitet der Terrier alleine – der braucht keinen Menschen. Er schaut dich an und sagt: Was weißt du davon?
Das unterscheidet ihn grundlegend von anderen Hundetypen. Beim Retriever wird auf Kooperation mit dem Menschen selektiert – der soll erst nach dem Schuss arbeiten, Langeweile aushalten, Steadiness zeigen. Beim Terrier ist es genau das Gegenteil: Er muss auf jedes kleine Rascheln reagieren. Das macht diese Hunde sehr reizsensibel. Je mehr Reize auf einen Terrier einströmen, desto

Maria Rehberger ist Hundetrainerin und Verhaltensberaterin. Seit 2006 arbeitet sie mit Hunden – wissenschaftlich fundiert, bindungsorientiert und belohnungsbasiert. Heute lebt sie mit ihrem Mann und zwei Parson Russell Terriern südlich von München.

aufgeregter wird er – und desto schwerer fällt es ihm, zur Ruhe zu kommen. Das ist eine Tatsache, der man Rechnung tragen muss. Kleine Terrier sind so unglaublich niedlich – ob Cairn, Parson, West Highland White Terrier oder Norwich. Deswegen wird oft unterschätzt, was drinsteckt. Ja, die kann man gut in der Wohnung halten. Aber man muss aktiv dafür sorgen, dass sie genug Ruhephasen haben und vor Reizüberflutung geschützt werden.

Lautstärke, Konflikte und Selbstregulation

Unter hoher Erregung werden Terrier laut. Das ist gewollt – damit treiben sie die Tiere aus dem Bau. Und das lässt sich nicht auf die Arbeit im Bau beschränken: Erregung geht hoch, Klappe geht auf. Die Lösung ist nicht, dem Hund das Bellen zu verbieten. Die Lösung muss sein: Wie kriegen wir dich so entspannt, dass du gar keinen Grund mehr dafür siehst? Je mehr man von Anfang an auf Gelassenheit und Umweltsicherheit hinarbeitet, desto leiser werden diese Hunde.

Terrier reagieren auf Bedrohungslagen in der Regel nicht mit Flucht. Sie gehen drauf. Das ist in die Rasse reinselektiert. Wer ein sehr harmoniebedürftiger Mensch ist, dem Droh- und Aggressionsverhalten wirklich zu schaffen macht, ist mit einem Terrier in der Regel nicht gut bedient. Das ist keine Wertung – es ist eine ehrliche Einschätzung. Flüchten ist nicht besser als vorwärtsgehen. Es zeigt uns nur, dass der Hund gerade ein Thema hat. Mein Job als Trainerin ist es, ihm weitere Strategien anzubieten.

Was ich deshalb von klein auf konsequent lobe und belohne: alles, was Abwenden ist, was Nachdenken ist, was Wegschauen ist. Ich möchte diesen Pfad im Gehirn – es gibt andere Optionen außer draufhauen – von Anfang an sehr breit machen. Ein wichtiger Grundskill für Menschen mit Terriern ist außerdem die eigene Selbstregulation. Nicht auf den Erregungszug aufspringen, sondern das Gegengewicht bilden. Das klingt einfach. Es ist es nicht – aber es lohnt sich.

Individualität, Beschäftigung und Bindung

Terrier sind keine homogene Masse. Meine Hermine macht begeistert Dummy-Arbeit und hat eine Ausbildung zur Therapiebegleitung absolviert. Maxi, meine Jüngere, trägt gar nichts – dafür klettert, turnt und bewegt sie sich mit einer Energie, für die Fitness Loops das perfekte Angebot sind: ähnlich wie Agility, aber ohne Tempo, mit dem Fokus auf Körperbewusstsein und Ruhe. Was für die eine Hündin funktioniert, ist für die andere schlicht nicht interessant. Auch das ist Terrier. Hemmen lassen sich diese Hunde nicht durch Strafe. Das muss man klar sehen. Das sind Hunde, die auf eine Wildsau draufgehen, sich gegen den Baum werfen lassen – und gleich noch mal draufgehen. Kooperation hingegen ist sehr wohl möglich, wenn die Rahmenbedingungen stimmen: wenn Bedürfnisse erfüllt werden, wenn Vertrauen vorhanden ist, wenn der Hund keine Sorge hat, Ärger zu kriegen. Dann folgt er – nicht aus Gehorsam, sondern aus Bindung. Das ist der eigentliche Schlüssel. Nicht Dominanz, nicht Strafe. Bindung.

Interview mit mit Maria Rehberger

Mini-Steckbrief

FCI-Gruppe: 3;
Ursprungsland: Großbritannien;
Schulterhöhe: Rüden Idealmaß 36 cm (±2 cm), Hündinnen proportional kleiner;
Gewicht: 5–8 kg;
Alter: 13–16 Jahre

PARSON RUSSELL TERRIER

Wer ihn unterschätzt, weil er klein ist, wird schnell eines Besseren belehrt – dieser Hund hat den Kopf voller eigener Ideen und die Energie, sie umzusetzen.

Volldampf voraus – was dieser Hund liebt

Es gibt Hunde, die gern dabei sind. Und es gibt den Parson Russell Terrier – der ist mittendrin, bevor du überhaupt entschieden hast, wo es hingeht. Sein Antrieb ist bemerkenswert, seine Ausdauer noch mehr. Einmal in Bewegung, hält ihn kaum etwas auf: durch Dornenhecken, über Hindernisse, in jeden Tunnel und, wenn nötig, auch unter dem Gartenzaun durch. Er kennt kein Schadensvermeidungsprinzip – was ihn zu einem außergewöhnlich fröhlichen, unverwüstlichen Begleiter macht, aber auch zu einem, den man nie ganz aus den Augen lassen sollte. Was er liebt: jagen, suchen, apportieren, buddeln, erkunden, rennen. Und dann auf dem Sofa liegen und sich den Bauch kraulen lassen, als wäre nichts gewesen. Diese Kombination aus tagaktivem Draufgänger und abendlichem Softie ist eines der charmantesten Merkmale der Rasse – und hat dem Parson den Beinamen „Jekyll und Hyde“ eingebracht. Apportieren liegt ihm im Blut. Viele Rassevertreter holen Dummy oder andere Gegenstände mit einer Freude, die selbst erfahrene Retriever-Fans überrascht. Stöbern – das systematische Absuchen von Gelände mit der Nase – ist ebenfalls eine Kernkompetenz. Als ursprünglicher Erdhund liebt er alles, was mit

Spüren, Verfolgen und Aufstöbern zu tun hat. Im Hundesport ist er vielseitig einsetzbar: Agility liegt ihm wegen seiner Wendigkeit und Schnelligkeit, Mantrailing wegen seiner Nase und seines eigenständigen Arbeitsstils, Dummytraining wegen der Apportierfreude. Dazu kommen Fährtenarbeit, Nasenarbeit in allen Varianten, Geländeläufe, Baujagdprüfungen für jagdlich geführte Hunde, Rettungshundearbeit – viele Rassevertreter sind hervorragende Rettungshunde –, Skitourenbegleitung, Kletterausflüge, SUP-Fahren, Dummytraining im Wasser, Suchspiele, Tricktraining und natürlich das klassische Stöbern im Gelände. Langeweile kennt die Rasse nicht, wenn man ihr genug bietet. Was er weniger schätzt: Zwang, Monotonie und Situationen, in denen er nichts tun kann. Bewegung allein reicht ihm übrigens nicht – er braucht auch Kopfarbeit.

Kleine Person mit großem Programm – Charakter

Wer den Parson Russell Terrier als Giftzwerg bezeichnet, tut ihm Unrecht. Was oft als Aggressivität oder Sturheit missdeutet wird, ist genetisch verankertes Verhalten, das über rund 200 Jahre gezielt geformt wurde: selbstständig an wehrhaftem Wild zu arbeiten und auf wahrgenommene Bedrohungen mit entschlossenem Verbellen oder direktem Eingreifen zu reagieren. Das macht ihn zu einem Hund, der Dinge selbst in die Hand nimmt. Oder besser: in die Pfoten. Er entscheidet eigenständig, wertet Situationen aus und handelt danach. Das kann im Alltag bedeuten, dass er bereits verinnerlichte Kommandos hinterfragt – nach dem Motto: Bist du sicher? Und es bedeutet, dass er sich bei grober oder ungerechter Behandlung nicht einfach duckt, sondern sich wehrt oder den Menschen schlicht ignoriert.
Fröhlichkeit ist sein Grundzustand. Kaum eine Rasse wirkt so dauerhaft gut gelaunt, hat so viel Schalk im Nacken und versprüht so viel Charme. Gleichzeitig ist er mutig, unerschrocken und auf seine Weise ernsthaft: Wenn er ein Ziel vor Augen hat, lässt er sich nicht so leicht davon abbringen.
Die dem Terrier manchmal nachgesagte Sturheit ist nicht pauschal zutreffend. Er ist gegenüber unfreundlichem Verhalten intolerant – behandelt man ihn aber fair und konsequent, zeigt er sich kooperativ, lernwillig und äußerst anpassungsfähig. Er braucht keinen Dominanzgestus, sondern klare Kommunikation mit Humor. Ressourcenkonflikte können ein Thema sein – das sollte frühzeitig und geduldig angegangen werden, am besten schon in der Welpenphase.
Körperkontakt ist ihm wichtig. Kein bekannter Parson, der es nicht liebt, auf dem Schoß zu liegen oder im Bett zu schlafen. So unverwüstlich er tagsüber ist – abends bringt er viel Liebe mit, und die möchte er teilen.

Aktivitätslevel – Kein Couchpotato, aber auch kein Dauerbrenner

Der Parson Russell Terrier ist ein aktiver Hund mit bemerkenswerter Ausdauer. Er ist robust, lässt sich von Regen oder Kälte nicht stoppen und hat eine Grundfitness, die manchen deutlich größeren Hund übertrifft. Gleichzeitig ist er kein Hund, der rund um die Uhr Vollgas braucht – er schaltet abends ab und findet seinen Weg auf die Couch. Was er braucht: sinnvolle Auslastung, täglich. Das bedeutet nicht zwingend Stunden im Parcours, aber es bedeutet: echte Aktivitäten mit echtem Inhalt. Spaziergänge ohne Nasenarbeit oder Apportiereinheiten sind für ihn Grundversorgung, kein Höhepunkt. Man muss ihm eher Ruhe beibringen als Bewegung – das beschreiben erfahrene Parson-Halter übereinstimmend. Wer ihn jagdlich führt, hat einen ausdauernden und motivierten Partner. Wer ihn als Familien- und Sporthund hält, muss die Energie über Kopf- und Nasenarbeit kanalisieren. Beides funktioniert gut – die Voraussetzung ist, dass der Hund nicht unterfordert wird.

Der Charmeur mit Grenzen – Sozialverhalten

Der Parson Russell Terrier ist grundsätzlich ein freundlicher, menschenbezogener Hund. Er sucht Nähe, liebt Kontakt und ist für jeden Spaß zu haben. Mit seiner Familie ist er ein treuer, verschmuster Begleiter, der überall dabei sein möchte – ob beim Wandern, auf dem Pferdehof, beim Klettern oder einfach nur beim Frühstück.
Gegenüber anderen Hunden ist er manchmal rauflustig. Das ist kein Wesensfehler, sondern Terrier-Natur. Mit der richtigen Sozialisation und konsequenter Erziehung ist es gut handhabbar, aber man sollte realistisch sein: Nicht jeder Parson ist der beste Freund jedes anderen Hundes. Mit Kleintieren – Kaninchen, Katzen, Nager – kann das Zusammenleben funktionieren, wenn der Hund damit aufgewachsen ist. Der Jagdtrieb ist vorhanden, und er kann situationsabhängig stark aktiviert werden. Frühzeitige Gewöhnung und klare Regeln helfen. Mit Kindern kommt der Parson meist hervorragend aus – er ist robust, nimmt nichts krumm und spielt gern. Wichtig ist, dass Kinder lernen, seinen Körperkontaktwunsch zu respektieren und nicht zu überrumpeln. Dann ist er ein unerschütterlicher Spielkamerad.
Im Alltag ist er ein echter Allrounder: Er passt in die Stadtwohnung (mit ausreichend Auslauf) genauso wie aufs Land, reist gut, begleitet zuverlässig und lässt sich dank guter Sozialisation fast überall mitbringen. Ein Hund, der mit drei Persönlichkeiten kommt: dem Erdarbeiter, dem Sportler und dem Softie – und alle drei gleichzeitig sein kann.

Was du mit ihm erleben kannst

Der Parson Russell Terrier ist ein Hund, mit dem man buchstäblich alles machen kann – vorausgesetzt, man will wirklich etwas machen. Wer nur gelegentlich spazieren geht, hat die falsche Rasse gewählt. Wer ihn jagdlich führt, hat einen kompakten Spezialisten für Baujagd, Stöbern und Totsuche. Jagdlich geführte Parsons werden auch bei der Drückjagd eingesetzt und müssen dafür sozialverträglich und führerstark sein. Die Baujagdprüfung testet, ob der Hund den Kunstbau selbstständig absucht und entschlossen Druck auf den Fuchs ausübt – mit dem richtigen Körpermaß ist das eine Domäne, in der die Rasse glänzt. Wer keinen Jagdschein hat, findet im Dummytraining eine optimale Alternative: Das systematische Apportieren entspricht dem Instinkt des Hundes, ohne auf echtes Wild angewiesen zu sein. Stöbersuchen, Markieren, Freiverlorensuche – das alles hält den Parson ausgelastet und zufrieden. Darüber hinaus ist er als Agilitypartner beliebt, als Mantrailer mit feiner Nase aktiv, als Rettungshund ernstzunehmen, als Wanderbegleiter unerschöpflich. Schneeschuhwanderungen, Skitouren, Kletterausflüge, SUP – mit entsprechender Konditionierung macht er nahezu jeden Outdoor-Sport mit. Tricktraining als mentale Ergänzung, Nasenspiele im Alltag, Suchspiele in der Wohnung an Regentagen: Langeweile entsteht nur dann, wenn man nichts anbietet. Fellpflege ist ein Thema, das von Anfang an geübt werden sollte – besonders beim rauhhaarigen Typ, dessen Fell regelmäßig getrimmt werden muss. Medical Training von Welpenalter an macht diese Routine für beide Seiten angenehm.

Genau dein Typ? – Für wen der Parson Russell Terrier passt

Der Parson passt zu dir, wenn du einen Hund mit Charakter willst – nicht trotz, sondern wegen seiner Eigenständigkeit. Wenn du dir vorstellen kannst, mit einem Hund zu lachen, der gerade wieder eine eigene Idee hatte, die nicht auf deiner Liste stand. Wenn du aktiv bist und Auslastung nicht als Pflicht, sondern als gemeinsame Freude verstehst.
Er passt zu Jägern, zu Sportbegeisterten, zu Outdoormenschen, zu Familien mit Kindern, die alt genug sind, um mit einem lebhaften Hund umzugehen. Er passt zu Menschen, die konsequent sein können, ohne hart zu sein – die faire Führung von Unterdrückung unterscheiden und die verstehen, dass dieser Hund Erklärungen für Regeln braucht, keine blinde Unterwerfung.
Er passt nicht zu dir, wenn du Ruhe über alles stellst. Nicht, wenn du wenig Zeit für aktive Beschäftigung hast. Nicht, wenn Kleintiere im Haushalt leben und du darauf vertraust, dass der Jagdtrieb von selbst verschwindet. Und nicht, wenn du dir erhoffst, einen Hund zu haben, der immer und in jeder Situation exakt das macht, was du sagst – ohne nachzufragen.
Wer die Kombination aus Energie, Humor, Loyalität und Sturheit aber als das sieht, was sie ist – nämlich als eine der lebendigsten Hundepersönlichkeiten überhaupt –, der findet im Parson Russell Terrier einen Begleiter fürs Leben. Einen, der morgens früher wach ist als du, abends auf deinem Kissen schläft und dazwischen alles gegeben hat.

Aktivitätstyp: A / Charaktertyp: A

Steckbrief und Geschichte

Mini-Steckbrief

FCI-Gruppe: 3;
Ursprungsland: Großbritannien;
Schulterhöhe: Rüden Idealmaß 36 cm (±2 cm), Hündinnen proportional kleiner;
Gewicht: 5–8 kg;
Alter: 13–16 Jahre

YORKSHIRE TERRIER

Für alles zu haben, für nichts zu klein – der Yorkie ist kein Schoßhund, sondern ein kerniger Terrier in einer kompakten, elegant frisierten Verpackung. Mit Heldengenen.

Rattenjäger, Kriegsheld, Allroundkünstler – was dieser Hund liebt

Ein kleiner Yorkie-Welpe, der eine Klobürste durch einen Laden schleppt und damit die Kunden zum Lachen bringt – das ist ein klassisches Bild dieser Rasse. Aber es wäre falsch, dabei stehen zu bleiben. Der Yorkshire Terrier liebt Agility, Nasenarbeit, Fährtensuche, Rally Obedience, lange Wanderungen – er ist, wie sein Steckbrief sagt: für alles zu haben.

Was er liebt: dabei sein. Überall. Er will mitgenommen werden, er will mitarbeiten, er will mitentscheiden. Sein Rückwärtsgang fehlt – das ist keine Metapher, sondern genetische Realität: Als einstiger Rattenjäger wurde er darauf selektiert, bei Verunsicherung nach vorne zu gehen statt zu meiden. Das macht ihn mutig, manchmal draufgängerisch, nie zögerlich. Er liebt seinen Menschen mit einer Intensität, die für seine Größe außergewöhnlich ist. Er liebt Tricks – und vergisst sie nicht. Er liebt Bewegung, auch ausgedehnte. Er liebt es, ernst genommen zu werden.

Selbstbewusst, schlau, gelegentlich größenwahnsinnig – Charakter

Der FCI-Standard beschreibt den Yorkshire Terrier als fröhlich, aufmerksam, aufgeschlossen, neugierig, lebhaft, kooperativ, motiviert,

intelligent, anhänglich, ausdauernd, selbstbewusst und mutig. Was er nicht erwähnt: den Sinn für seine eigene Bedeutung. Manche Yorkies halten sich schlicht für Rottweiler. Das ist charmant und erfordert klare Strukturen. Er ist sensibel – trotz aller Kühnheit. Für einen Hund, der maximal 3,2 Kilo wiegt, kann ein unangekündigtes Tätscheln über den Kopf oder ein stürmischer Artgenosse bedrohlich sein. Frühzeitige, sorgfältige Sozialisation schützt vor tief verwurzelten Unsicherheiten, die sich in Kläfferei oder übertriebener Wachsamkeit äußern können.
Er ist lernfreudig und kooperativ – und vergisst gelernte Dinge nicht, für gut oder schlecht. Präzises Training von Beginn an zahlt sich langfristig aus. Er ist kein Schreier aus böser Absicht, sondern weil ihn manche Dinge gruseln. Darauf mit Support zu reagieren statt mit Strafe ist der richtige Weg.

Aktivitätslevel – lebhafter als sein Format vermuten lässt

Der Yorkshire Terrier ist lebhafter als viele vermuten. Tägliche Bewegung – auch ausgedehnte Wanderungen – ist nicht nur möglich, sondern ausdrücklich von ihm gewünscht. Wer ihm geistige und körperliche Beschäftigung gibt, bekommt einen ausgeglichenen, zufriedenen Hund. Wer ihn herumträgt, bekommt zunehmend einen Hund mit Schwierigkeiten.
Das Fell ist der aufwändigste Teil der Haltung: Bei bodenlangem Langhaar täglich kämmen, regelmäßig frisieren, alle zwei bis drei Wochen waschen. Im Alltag ist eine kurze Frisur praktischer. Wichtig: Fellpflege von klein auf positiv einführen – Medical Training ist hier keine Übertreibung, sondern Vernunft. Zahnhygiene ist bei dieser Rasse besonders wichtig, ebenso regelmäßige Krallenpflege, da die Krallen sich wegen des geringen Gewichts nicht natürlich abschleifen.

Klein, aber überzeugungsstark – Sozialverhalten

Mit seiner Familie ist der Yorkie von einem tiefen, treuen Anhänglichkeitsgefühl durchdrungen. Er ist ein Begleithund im ursprünglichen Sinne – er begleitet wirklich, überall, immer. Gegenüber Fremden ist er wachsam und zurückhaltend bis misstrauisch, was sich durch gute Sozialisation gut regulieren lässt. Mit anderen Hunden kommt er bei guter Sozialisation aus – der Größenunterschied muss aber aktiv berücksichtigt werden. Nicht jeder größere Hund ist für ihn ein geeigneter Spielkamerad; sein Mut übertrifft mitunter seine Vernunft.
Als Therapiehund, Begleithund und Ausstellungshund zeigt er vielseitige Stärken. Seine handliche Größe und sein lebhaftes Auftreten machen ihn zu einer Persönlichkeit, die in jedem Raum Präsenz zeigt.

Was du mit ihm erleben kannst

Der Yorkshire Terrier ist deutlich vielseitiger als sein Schoßhund-Image. Agility in kleinhundgerechtem Parcours – mit der nötigen Rücksicht auf Gelenke –, Fährtenarbeit, Nasenarbeit, Rally Obedience, Tricktraining: er ist für alles zu haben.
Als Begleithund ist er praktisch ideal: handliches Format, überall erlaubt wo Hunde erlaubt sind, kontaktfreudig und unterhaltsam. Als Therapiehund und Besuchshund zeigen geeignete, stabile Exemplare Stärken durch ihre lebendige, herzliche Persönlichkeit. Wanderungen bis zu einer Stunde und länger sind möglich. Kälteschutz durch Mantel ist wegen der fehlenden Unterwolle nötig.

Genau dein Typ? – Für wen der Yorkie passt

Der Yorkshire Terrier passt zu Menschen, die einen kleinen Hund als echten Hund sehen – mit Erziehungsbedarf, Bewegungsdrang und charakterlicher Tiefe. Er passt zu aktiven Menschen jedes Alters, die Humor mitbringen und Wert auf eine intensive Mensch-Hund-Bindung legen.
Er passt nicht zu Menschen, die ihn herumtragen und als Plüschtier behandeln möchten. Nicht zu Haushalten mit unstrukturiertem Alltag und mangelnder Konsequenz. Und nicht zu jemandem, der Fellpflege als lästig empfindet. Wer ihn aber als das behandelt, was er ist – ein mutiger, kluger, unkomplizierter Terrier mit königlichem Haarkleid – bekommt einen Begleiter, der für alles zu haben ist. Immer.

Aktivitätstyp: B / Charaktertyp: B

Steckbrief und Geschichte

MINIATUR-BULLTERRIER

Kraft und Persönlichkeit in konzentrierter Form – dieser kompakte Komiker mit der unverwechselbaren Bananennase lässt niemanden kalt.

Rampensau mit Ruhetaste – was dieser Hund liebt

Es gibt Hunde, die sich ihrer Wirkung auf Menschen vollkommen bewusst sind. Der Miniatur-Bullterrier gehört dazu. Sein Auftritt ist immer einer – egal ob er durch die Wohnzimmertür poltert, auf dem Stadtspaziergang Passanten verzückt oder auf der Hundewiese mit seiner charakteristischen Gangart für Verwirrung sorgt. Er ist ein Komiker aus Leidenschaft, ein Showman in kompakter Bauweise. Was er über alles liebt: im Mittelpunkt zu ste-

Mini-Steckbrief
FCI-Gruppe: 3;
Ursprungsland: Großbritannien;
Schulterhöhe: Maximales Stockmaß 35,5 cm;
Gewicht: ca. 11–15 kg;
Alter: 11–13 Jahre

hen. Aufmerksamkeit ist für ihn kein Luxus, sondern Grundbedürfnis. Die Zuwendung seiner Familie saugt er auf wie ein Schwamm. Körperkontakt ist das Größte – auf dem Schoß liegen, ins Bett schmuggeln, am Abend auf dem Sofa räkeln. Draußen tobt der Hooligan, drinnen wartet der Schmusebolzen.
Er mag Bewegung und hat Ausdauer, ist aber kein Extremsportler. Agility macht manchen Vertretern Spaß, Apportiertraining ebenfalls – sofern er Lust hat und genug Belohnung in Aussicht steht. Das ist ein wichtiger Satz: Der Mini-Bulli macht, was er will. Aber wenn man ihn für sich gewonnen hat, macht er das mit einer Herzlichkeit und Loyalität, die kaum eine andere Rasse erreicht.
Was er weniger schätzt: Regen. Viele Rassevertreter verweigern bei nassem Wetter konsequent das Gassi – sie rollen sich ein, verstecken den Kopf, ignorieren ihre Menschen mit einer Entschlossenheit, die man respektieren muss. Das ist keine Scheu, sondern eine Meinung.
Aktiv im Hundesport sind Mini-Bullis in Agility, beim Trick-Training, als Therapiehunde (wo das Image der Rasse es zulässt), als Schulhunde, bei Geländeläufen und beim Dummytraining. Suchtverhalten ist ein Thema, das berücksichtigt werden muss: Wildes Ballwerfen oder exzessives Zerren kann bei dieser Rasse zur Obsession werden, was langfristig mehr schadet als nützt.

Komiker, Loyalist, Dickschädel – Charakter

Der Miniatur-Bullterrier hat mehrere Persönlichkeiten, die er je nach Situation souverän wechselt: draußen der robuste Draufgänger, drinnen die Diva, die bei hartem Ton in Erschütterung versinkt. Beide Seiten sind echt – und beide muss man kennen, um

mit dieser Rasse glücklich zu werden.
Er ist temperamentvoll, wendig und voller Energie. Seine Bindung an die Familie ist tief und ernst gemeint. Gleichzeitig ist er in einem Maß eigenständig, das nicht selten dazu führt, dass er seine Ohren auf Durchzug stellt und seinen eigenen Plan verfolgt. Die Ausdauer im Verfolgen eigener Ziele ist bei dieser Rasse teils sehr stark ausgeprägt – was ihn hartnäckig, manchmal anstrengend und immer unterhaltsam macht. Das Bild des aggressiven Kampfhundes ist einem Mini-Bulli gegenüber grundsätzlich unzutreffend. Er wurde über Generationen gezielt auf Menschenfreundlichkeit selektiert – Menschen gegenüber ist er in der Regel offen, herzlich und schmusebedürftig. Gegenüber anderen Hunden ist die Verträglichkeit individuell verschieden und muss immer im Auge behalten werden. Territoriales Verhalten ist nicht ungewöhnlich, Wachsamkeit ebenfalls. Erziehung mit Druck und Zwang funktioniert nicht. Er ist sensibel – trotz seines robusten Auftretens. Ein zu scharfer Ton trifft ihn empfindlich, und das lässt er deutlich merken. Gleichzeitig muss man konsequent sein, denn Inkonsequenz nutzt er sofort aus. Das klingt wie ein Widerspruch, ist aber das Wesen dieser Rasse: liebevoll und konsequent, humorvoll und klar. Ressourcenverteidigung kann ein Thema sein und sollte frühzeitig adressiert werden. Im jugendlichen Alter klaut und knabbert der Mini-Bulli gern, poltert durch die Wohnung und steckt sich selbst in Situationen, aus denen er nicht immer allein herauskommt. Viel Schlaf und ein klarer Rückzugsort helfen gerade jungen Tieren, sich zu regulieren.

Aktivitätslevel – mittlere Energie, starke Persönlichkeit

Der Miniatur-Bullterrier ist kein Hochleistungsathlet – er hat ein mittleres Energieniveau, das je nach Individuum variiert. Manche Vertreter sind kaum vom Sofa zu bewegen, andere wären am liebsten dauernd in Aktion. Der Rassecharakter liegt irgendwo dazwischen: täglich Bewegung, täglich Beschäftigung, aber keine drei Stunden Pflichtprogramm. Was er braucht: sinnvolle Auslastung, aktive Ruhepausen, und einen Alltag mit Struktur. Junge Mini-Bullis müssen regelrecht zur Ruhe gebracht werden – ihr Erregungsniveau steigt schnell, und wenn der Vorwärtsgang eingelegt ist, sind sie kurzfristig kaum mehr ansprechbar. Das Runterfahren ist eine Aufgabe, die der Mensch übernehmen muss.
Im Alltag funktioniert er gut in der Stadt wie auf dem Land, passt in die Wohnung wie ins Haus mit Garten, begleitet gut und ist genügsam in seinen Raumansprüchen. Was er nicht verträgt: Einsamkeit und Langeweile. Ohne ausreichende Aufmerksamkeit und Beschäftigung wird er erfinderisch – und das auf eine Art, die seinen Menschen selten gefällt.

Individualist mit Charme – Sozialverhalten

Der Mini-Bulli ist ein echter Menschenhund. Er liebt Körperkontakt, sucht Nähe und ist gegenüber vertrauten Menschen von einer Herzlichkeit, die jeden Kältevorwurf widerlegt. Fremden gegenüber ist er in der Regel offen, kann sich im Handumdrehen einschmeicheln und hat durchaus Talent dafür, Menschen, die ihn zuerst hässlich fanden, zu überzeugen. Mit anderen Hunden ist die Sozialverträglichkeit individuell zu betrachten. Es gibt Mini-Bullis, die problemlos in Mehrhundehaushalten leben; andere sind schwieriger. Begegnungen sollten generell im Blick behalten werden, gerade wenn der Erregungslevel steigt. Wenn die Stimmung beim Toben kippt, sollten andere Hunde Abstand gewinnen. Mit Kindern ist Vorsicht angebracht – nicht wegen Aggression, sondern wegen der physischen Robustheit und Grobmotorik des jungen Mini-Bullis. Mit älteren, ruhigeren Kindern, die Grenzen respektieren, funktioniert er gut. Für sehr kleine Kinder oder unkoordinierte Kleinkinder ist das Zusammenleben anspruchsvoller. Als Therapiehund wurde er erfolgreich eingesetzt – in der Schweiz etwa in Senioreneinrichtungen, wo sein entspanntes, unvoreingenommenes Wesen sehr positiv aufgenommen wurde. Voraussetzung ist eine umfassende Ausbildung und ein stabiles Wesen.

Was du mit ihm erleben kannst

Der Mini-Bulli ist kein Spezialist für eine Sportart – er ist vielmehr ein Generalist mit ausgeprägter Meinungsfreiheit. Was er macht, macht er gern; was ihm nicht passt, macht er irgendwann nicht mehr. Agility eignet sich gut: Die Rasse ist wendig, schnell und hat Spaß an abwechslungsreichen Aufgaben, auch wenn beim Tunnel eigene Interpretationen eingebracht werden können. Tricktraining funktioniert hervorragend, wenn die Belohnung stimmt und die Einheiten kurz und abwechslungsreich sind. Apportieren macht vielen Vertretern Freude. Nasenspiele, Suchübungen und Schnüffelrasen sind gute Ergänzungen für Regentage im Innenbereich. Was vermieden werden sollte: exzessives Ballwerfen und übermäßiges Zerren. Beides kann bei suchtanfälligen Vertretern eine Eigendynamik entwickeln, die schwer zu managen ist. Das Spiel mit anderen Hunden sollte immer im Blick behalten werden – gerade wenn das Erregungsniveau steigt. Als Therapiehund wurde die Rasse erfolgreich eingesetzt, und zwar in Senioreneinrichtungen wie auch in pädagogischen Kontexten. Voraussetzung ist eine stabile, ausgeglichene Persönlichkeit und eine fundierte Ausbildung. Spaziergänge, Wanderungen, Stadtbummel, gesellige Runden – der Mini-Bulli ist ein guter Alltagsbegleiter, sofern er früh sozialisiert wurde. Fellpflege ist denkbar einfach: Das kurze, glatte Fell braucht kaum Aufmerksamkeit außer regelmäßiger Krallenpflege.

Genau dein Typ? – Für wen der Miniatur-Bullterrier passt

Der Miniatur-Bullterrier ist ein Hund für Menschen mit Humor, Nerven und Zeit. Das ist keine Übertreibung, sondern eine sachliche Beschreibung der Grundvoraussetzungen.
Er passt zu dir, wenn du einen Hund möchtest, der eine starke, eigenständige Persönlichkeit hat und keine Kopie deiner Erwartungen ist. Wenn du bereit bist, konsequent und liebevoll zugleich zu sein. Wenn du Körperkontakt magst – denn den wird er einfordern, täglich, auf Augenhöhe des Sofas. Wenn Humor für dich ein Teil guter Hundehaltung ist, weil manches einfach zu komisch ist, um sich darüber zu ärgern.
Er passt zu erfahrenen Hundehaltern, die wissen, dass Erziehung nicht aufhört, wenn der Hund die Grundkommandos kennt.
Er passt zu Menschen ohne andere kleine Haustiere im Haushalt – die Jagdleidenschaft mancher Vertreter ist real. Er passt zu Familien mit älteren Kindern, die respektvoll mit einem robusten Hund umgehen können.
Er passt nicht zu dir, wenn du wenig Zeit hast. Nicht, wenn Sauberkeit und Kontrolle für dich über allem stehen. Nicht, wenn du Hundeerfahrung mit anderen Rassen als ausreichende Vorbereitung siehst – der Mini-Bulli hat eine eigene Logik, die man kennen muss.
Wer aber bereit ist, sich darauf einzulassen, bekommt einen Hund, der loyal ist bis auf die Knochen, der jeden Tag Lacher garantiert und der – einmal gewonnen – zu dem hingegeben treuen Begleiter wird, den diese Rasse sein kann, wenn man sie lässt.

Aktivitätstyp: A / Charaktertyp: A-B

Steckbrief und Geschichte

Mini-Steckbrief

FCI-Gruppe: 3;
Ursprungsland: USA;
Schulterhöhe: Rüden 46–48 cm, Hündinnen 43–46 cm;
Gewicht: ca. 25–40 kg;
Alter: 10–15 Jahre

AMERICAN STAFFORDSHIRE TERRIER

Seine Lebensfreude ist überbordend, sein Humor umwerfend, seine Herzlichkeit grenzenlos – und trotzdem ist er noch immer viel zu oft im Tierheim anzutreffen.

Kamerad, Clown, Kraftpaket – was dieser Hund liebt

Es gibt Hunde, die mit Feuer durchs Leben gehen. Der American Staffordshire Terrier ist einer davon – und er tut das mit einer Intensität, die nirgendwo ohne Begeisterung endet. Seine Lebensfreude ist nicht gedämpft zu bekommen. Er springt, er tobt, er kuschelt, er macht Witze – und das alles mit dem Eifer eines Wesens, das nie gelernt hat, halb so viel zu geben.

Was er liebt: Menschen. Körperkontakt. Arbeit. Das Zusammensein mit seiner Familie ist der Kern seines Glücks. Er braucht Aufgaben – nicht weil er sonst destruktiv wird (obwohl das bei Unterforderung schnell passiert), sondern weil er das Funktionieren als Teil eines Teams tief in sich trägt. Rettungshundearbeit, bei der er sich durch Tipi-Wände gräbt, weil das der direktere Weg ist. Mantrailing, das seinen feinen Geruchssinn fordert. Obedience, das seinen Ehrgeiz anspricht. Hundesport aller Art – er ist für vieles zu haben.

Was er weniger mag: Isolation, Passivität, und Situationen, die seinen Impulsen freien Lauf lassen ohne Führung. Der Amstaff – wie ihn seine Fans nennen – braucht Struktur nicht als Beschränkung, sondern als Orientierung. Ohne diese Orientierung übernimmt er die Initiative. Das ist bei einem Hund dieser Größe und Kraft keine gute Entwicklung. Als Rettungshund ist er dokumentiert erfolgreich. Als Therapiehund – wo das Image der Rasse es zulässt – zeigt er feinfühlige Stärken. Als Familienhund, als Sport- und Freizeitpartner, als loyaler Alltagsbegleiter ist er in der Lage, außergewöhnliche Bindungen aufzubauen.

Hochsensibel und Dickschädel – Charakter

Wer glaubt, dass Kraft und Sensibilität sich ausschließen, hat noch keinen guten Amstaff kennengelernt. Diese Hunde sind intelligent, emotional tief empfindend und in der Lage, menschliche Stimmungen sehr genau zu lesen. Sie sind hochsensibel – und gleichzeitig

von einer Eigensinnigkeit, die gelegentlich in echte Sturheit ausarten kann. Beides koexistiert, und beides muss verstanden werden.
Der Amstaff hat eine hohe Reizschwelle: Er steckt lange ein, murrt wenig, gibt Signale subtil. Wenn diese Signale ignoriert werden – und das passiert bei Menschen, die ihn unterschätzen – wirkt eine Reaktion wie aus dem Nichts. Sie hat aber immer eine Vorgeschichte. Die bedingungslose Hingabe des Amstaff an seinen Menschen ist eine seiner schönsten Eigenschaften – und gleichzeitig eine Verantwortung. Denn diese Hingabe wird leider manchmal ausgenutzt.
Sein Humor ist real. Er macht Witze, testet Grenzen aus Neugier, ist kreativ in der Lösung von Problemen. Er wird oft als Kindskopf beschrieben – und das ist kein Vorwurf, sondern eine liebevolle Bestandsaufnahme seiner dauerhaft jugendlichen Energie. Neun Jahre alt und verhält sich wie anderthalb – das ist keine Ausnahme, das ist Rasseprogramm.
Mit anderen Hunden ist die Sozialverträglichkeit individuell sehr unterschiedlich. Frühe, breite Sozialisation ist entscheidend. Mit Kleintieren erfordert das Zusammenleben Vorsicht. Mit Menschen – sofern gut sozialisiert – ist er von einer entwaffnenden Herzlichkeit.

Aktivitätslevel – hoch, kraftvoll, konsequent

Der American Staffordshire Terrier ist ein Athlet. Sein Körperbau ist muskulös und ausdauernd, sein Bewegungsdrang groß, seine Energie manchmal erschöpfend. Täglich intensive Aktivität ist keine Option, sondern Grundvoraussetzung für ein ausgeglichenes Miteinander. Gleichzeitig ist er kein Hund, der pausenlos Extremsport braucht. Was er braucht: regelmäßige, sinnvolle Auslastung. Körperlich und geistig. Konzentration und Ruhe müssen viele Amstaffs erst lernen – das ist ein Erziehungsziel, kein Startpunkt. Ruhepausen aktiv herbeizuführen ist eine der wichtigsten Erziehungsaufgaben mit dieser Rasse.

Familienhund mit rustikaler Attitüde – Sozialverhalten

Der gut sozialisierte Amstaff ist ein wärmestrahlender Familienhund. Er mag Kinder, er mag Menschen, er mag Körperkontakt – und sein Gespür für Individualdistanz ist manchmal eher großzügig. Kleine Kinder können umgerempelt werden, nicht aus Aggression, sondern aus Begeisterung. Das muss aktiv gemanagt werden. Territorial- und Wachverhalten kommt bei der Rasse vor. Er ist kein zuverlässiger Wachhund im klassischen Sinne, kann aber eine gewisse Schutzinstinkttendenz zeigen. Als gesellschaftstauglicher Begleiter braucht er frühzeitige und breite Sozialisation.
Die Rasseliste ist ein unausweichliches Thema: In den meisten deutschen Bundesländern steht der American Staffordshire Terrier auf der Rasseliste. Die konkreten Auflagen variieren erheblich von Bundesland zu Bundesland – Maulkorb- und Leinenpflicht, Wesenstest, erhöhte Hundesteuer und spezifische Haltungsvoraussetzungen können da-

zugehören. Wer einen Amstaff halten möchte, muss sich vor der Anschaffung detailliert über die Bestimmungen seiner Gemeinde informieren. Ein Umzug in ein anderes Bundesland kann die Haltung unmöglich machen.

Was du mit ihm erleben kannst

Der Amstaff ist vielseitiger als sein Image. Rettungshundearbeit, Mantrailing, Fährtenarbeit, Obedience, Agility, Zughundesport, Tricktraining, Nasenarbeit – er bringt für viele Sportarten Voraussetzungen mit, die erfahrene Trainer überraschen.
Sein hartnäckiger Arbeitseifer macht ihn zu einem verlässlichen Partner im Rettungswesen. Seine Menschenorientierung macht ihn – in Regionen ohne Rasseliste – zu einem möglichen Therapiehund. Seine Neugier und Lernfreude lassen ihn schnell auf neue Aufgaben reagieren.
Tägliche Bewegung mit echter körperlicher Komponente ist Pflicht. Aber ebenso wichtig: Zeiten der Ruhe und Konzentration. Ballspiele mit sehr hoher Repetition oder dauerhaftes Zerren können Suchtverhalten triggern – daran sollte man denken.

Genau dein Typ? – Für wen der Amstaff passt

Der American Staffordshire Terrier passt zu Menschen, die bereit sind, die Rasselistenauflagen in ihrem Bundesland nicht nur zu kennen, sondern dauerhaft zu managen. Das ist keine Kleinigkeit und sollte nicht unterschätzt werden.
Er passt zu Hundeerfahrenen, die konsequent führen können, ohne hart zu sein. Zu Menschen, die Humor mögen und für Stärke durch Sensibilität empfänglich sind. Zu Aktiven, die täglich Zeit für Bewegung und Beschäftigung haben. Und zu Menschen, die bereit sind, in der Öffentlichkeit als Amstaff-Halter wahrgenommen und manchmal beäugt zu werden – und das mit einem guten Nervenkostüm zu nehmen.
Er passt nicht zu Ersthundehaltern ohne fachkundige Begleitung. Nicht, wenn ein Umzug in andere Bundesländer möglich ist, ohne die Auflagen geprüft zu haben. Nicht, wenn Kleintiere im Haushalt leben. Und definitiv nicht zu Menschen, die glauben, ein starker Hund sei ein Statussymbol. Wer aber bereit ist, sich wirklich auf ihn einzulassen – auf seine Intensität, seine Lernbereitschaft, seine bedingungslose Zuneigung – bekommt einen Hund, der für seinen Menschen alles tun würde. Ein echtes Kraftpaket, ein wahrer Kamerad, ein lebenslanger Kindskopf.

Aktivitätstyp: A / Charaktertyp: B

Steckbrief und Geschichte

Außerdem: Portraits West Highland White Terrier und Tibet Terrier

5.4 SPITZE & CO. – SELBSTBEWUSST & EIGENWILLIG

Temperament im Kompaktformat

Für Menschen, die echten Charakter in einer robusten Verpackung lieben.

Spitze wirken oft wie kleine Sonnenkönige: flauschig, lautstark und der festen Überzeugung, dass die Welt sich um sie dreht. Ein bisschen stimmt das sogar. Was hinter dem Federboa-Look steckt, ist ein Hund mit uralten Wurzeln, robustem Nervensystem und einer Unabhängigkeit, die Respekt verdient. Sie sind keine Dekorationshunde. Wer sich darauf einlässt, bekommt einen loyalen, lebhaften Begleiter mit echtem Eigensinn. Und ja, das ist ein Kompliment.

AKITA

Japans größter Spitz – ein Hund mit Jahrtausenden Geschichte, unerschütterlicher Treue und einer Meinung zu allem. Kein Hund für jeden. Für den richtigen Menschen: unvergesslich.

Kurze Aufklärung vorab: der Akita ist nicht der American Akita

Diese beiden Rassen teilen eine gemeinsame Geschichte, sind heute aber zwei vollständig eigenständige Rassen mit eigenem FCI-Standard. Der American Akita ist massiver, schwerer, zeigt eine schwarze Maske und hat deutlichere Einflüsse des Deutschen Schäferhunds in seiner Linie. Hier im Portrait findest du den Akita der japanischen Ursprungsrasse.

Auf eigenen Pfoten durch die Jahrhunderte – was dieser Hund liebt

Der Akita ist kein Hund, der liebt, was man ihm sagt. Er ist ein Hund, der das tut, was für ihn sinnvoll ist – und der in diesem Rahmen einem Menschen folgt, dem er vertraut. Das ist ein fundamentaler Unterschied zu europäischen Gebrauchshunderassen, und er prägt alles: Erziehung, Beschäftigung, Alltag.
Was er liebt: Nasenarbeit. Die Arbeit am Boden, das Verfolgen von Spuren, das Suchen nach Menschen oder Gegenständen – das entspricht seinem ursprünglichen Arbeitsprofil als Jagdhund auf Großwild und macht ihm echte Freude. Fährtenarbeit, Mantrailing und Suchspiele liegen ihm tiefer als alle anderen Aktivitäten. Dazu kommen Wanderungen,

Mini-Steckbrief
FCI-Gruppe: 5;
Ursprungsland: Japan;
Schulterhöhe: Rüden 64–70 cm, Hündinnen 58–64 cm;
Gewicht: ca. 30–45 kg; Hündinnen leichter
Alter: 10–13/15 Jahre

Spaziergänge in der Natur und ruhige, intensive Zeit mit seinem Menschen.
Was ihn nicht begeistert: immer gleiche Unterordnungsübungen, Kommandos ohne erkennbaren Sinn, Drill. Obedience-Wettbewerbe werden in der Fachliteratur nicht als natürliche Heimat des Akita beschrieben – er prüft Kommandos auf ihre Sinnhaftigkeit, bevor er sie in seiner eigenen Geschwindigkeit ausführt. Das ist kein Trotz, das ist Charakteranlage.
Seinen Jagdtrieb trägt er noch deutlich in sich. Freilauf in wildreichen Gebieten ist ein reales Risiko. Viele erfahrene Akita-Halter verzichten auf ungesicherten Freilauf – nicht als Niederlage, sondern als verantwortungsvoller Umgang mit einer Rasse, die für eigenständiges Handeln auf der Jagd selektiert wurde.

Treu, selbstbewusst, kein Will-to-Please – Charakter

Der Akita wird im FCI-Standard als ruhig, treu, gehorsam und aufnahmefähig beschrieben. Das ist nicht falsch, aber es ist unvollständig. Er ist auch eigenständig, selbstbewusst, mit ausgeprägter Individualdistanz und dem klaren Wunsch, Entscheidungen selbst zu treffen, wenn er der Meinung ist, dass seine Einschätzung besser ist.
Er hat kein ausgeprägtes Streben danach, seinen Menschen zu gefallen. Er entwickelt eine tiefe, intensive Bindung – aber auf seine Weise, in seinem Tempo, zu den Menschen, die er sich aussucht. Fremden gegenüber ist er in der Regel gleichgültig bis distanziert – weder herzlich noch aggressiv, sondern einfach desinteressiert. Das ist kein soziales Problem, das ist Akita.
Innerhalb seiner Familie ist er ein ruhiger, würdevoller Begleiter mit echter Schutzmotivation. Er bewacht sein Zuhause instinktiv und lautlos. Er bellt kaum – wenn er bellt, ist es ein Signal, das ernst genommen werden sollte.
Auf Ungerechtigkeit und harte Hand reagiert er nachtragend. Was er einmal erlebt hat, vergisst er nicht – in beide Richtungen. Ein Mensch, der ihn fair, konsequent und mit echtem Respekt behandelt, bekommt einen Begleiter, der absolut loyal und außerordentlich zuverlässig ist. Ein Mensch, der versucht, ihn durch Druck zu beugen, verliert das Vertrauen – dauerhaft.
Hachikō, der Akita, der nach dem Tod seines Menschen neun Jahre lang täglich am Bahnhof auf ihn wartete, ist kein Hollywood-Konstrukt. Es ist eine belegte, historische Geschichte. Sie illustriert, was diese Bindung bedeutet, wenn sie entsteht.

Aktivitätslevel – ausdauernd, aber kein Hochleistungssportler

Der Akita braucht tägliche Bewegung, aber nicht im Sinn von Extremsport. Lange Spaziergänge, Geländetouren, Wanderungen – das ist sein Element. Er ist ausdauernd und robust, aber kein Hund für intensive Sprungbelastun-

Groß und klein: Akita und Shiba sind nahe Verwandte und doch unterschiedlich – im direkten Vergleich erkennt man es gut.

gen oder rasante Richtungswechselsportarten. Sein Körperbau ist für gleichmäßige Ausdauerarbeit gemacht, nicht für Highspeed-Agility. Wichtiger als körperliche Auslastung ist mentale Beschäftigung. Ein Akita, dem seine Nase und sein Verstand nicht eingesetzt werden dürfen, sucht sich eigene Aufgaben – und die beginnen oft damit, die Hierarchie im eigenen Haushalt neu zu definieren.
In der öffentlichen Begegnung mit anderen Hunden ist Vorsicht angebracht: Akitas haben eine ausgeprägte Individualdistanz. Fremde Artgenossen sind in ihrer Nähe nicht willkommen, besonders wenn es sich um gleichgeschlechtliche Hunde handelt. Die Hundeparkmentalität – einfach laufen lassen und schauen, was passiert – ist beim Akita keine gute Idee. Das ist kein Management-Problem, das ist Rasseanlage.

Was du mit ihm erleben kannst

Fährtenarbeit, Mantrailing, Nasenarbeit, Suchspiele, Sucharbeit mit Stoffidentifikation – das sind seine stärksten Domänen. Wanderungen und ausgedehnte Geländetouren liegen ihm tief. Er eignet sich als Lawinensuchhund und in der polizeilichen Arbeit. Als Wachhund ist er von Natur aus prädisponiert, ohne dafür besonders ausgebildet werden zu müssen. Hundesport, bei dem er einen Sinn sieht, absolviert er mit Engagement. Obedience-Wettbewerbe im klassischen Sinn sind weniger sein Ding. Ausstellungen zeigen seine würdevolle Erscheinung und sein selbstsicheres Auftreten – für viele Akita-Liebhaber eine ihrer liebsten Aktivitäten mit der Rasse.
Was er nicht braucht: Hundepark-Sozialisierung, Hochintensitäts-Sprungsport, Befehle ohne Sinn. Was er braucht: einen

Menschen, dem er vertraut, eine sinnvolle Aufgabe und klare Führung ohne Härte.

Genau dein Typ? – Für wen der Akita passt
Der Akita ist kein Hund für Einsteiger. Das ist keine abwertende Einschätzung, sondern eine ehrliche. Er erfordert Erfahrung mit eigenständigen Hunden, ein tiefes Verständnis für seine Charakteranlage und die Bereitschaft, eine Beziehung aufzubauen, statt Kommandos zu installieren.
Er passt zu ruhigen, erfahrenen Menschen, die einen würdevollen, tief loyal gebundenen Hund schätzen und keine Ambitionen haben, ihn zur Allround-Joggingbegleitung umzufunktionieren. Er passt zu Menschen mit Garten und ausreichend Platz. Er passt zu Menschen, die Nasenarbeit, Fährtenarbeit oder Wanderungen als gemeinsame Aktivitäten mögen.
Er passt nicht zu dir, wenn du ihn als Erziehungsobjekt betrachtest. Nicht, wenn du Freilauf auf gemischten Hundewiesen planst. Nicht, wenn du wenig Zeit für die Beziehungsentwicklung hast. Und nicht, wenn du mit Druck arbeitest – der Akita vergisst das nicht, und er verzeiht es lange nicht.
Wer aber bereit ist, diesem Hund mit dem nötigen Respekt zu begegnen, bekommt einen der intensivsten, treuesten und charakterstärksten Begleiter, die es in der Hundewelt gibt. Ein Hund, der nicht für jeden ist – und für den Richtigen unersetzlich.

Aktivitätstyp: B / Charaktertyp: A

Steckbrief und Geschichte

EURASIER

Er sieht aus wie eine Kreuzung aus Wolf und Teddybär, öffnet Aufzugstüren per Pfotendruck und hat ein Feingefühl für menschliche Stimmungen, dem man nichts vormachen kann. Ein Hund mit Plan – und einem kynologisch außergewöhnlichen Ursprung.

Adaptive Intelligenz statt blinder Ausführung – was diesen Hund antreibt
Wenn ein Eurasier-Rüde im Hotel eigenständig die Zimmertür öffnet, den Aufzug per Pfoten- oder Nasendruck ins Erdgeschoss ruft und strahlend vor Freude in der Lobby seiner Besitzerin entgegenspaziert – dann illustriert das treffend, womit man bei dieser Rasse zu tun hat: keine eifrige Arbeitsmaschine, die auf Kommando wartet, sondern ein Hund mit adaptiver Intelligenz, der Probleme eigenständig löst.
Was er liebt: seinen Menschen begleiten, bei jedem Wetter raus in die Natur, und die Welt mit einer aufmerksamen Neugierde erkunden, die nie nervös wird. Mehrtageswanderungen auf dem Rennsteig, fünf Kilogramm Futter im Hunderucksack durch die Sächsische Schweiz, Übernachtungen in Schutzhütten und unter Felsüberhängen – der Eurasier macht das ohne Beanstandung, trittsicher wie eine Bergziege.
Was er ebenfalls liebt: als Schulhund Kindern beim Lesen zuhören, Rechenaufgaben würfeln, einen Rucksack mit Lösungen bringen und dabei spüren, wenn jemand besondere Zuwendung braucht. Er ist ein Resonanzhund – feinfühlig für Stimmungen, zuverlässig in seiner Reaktion darauf.
Was er weniger liebt: lange allein sein, Zwingerhaltung, und bei Regen spazieren gehen, wenn er das nicht möchte.

Stolz, eigenständig, niemandes unterwürfig – Charakter

Der Eurasier ist kein Hund, der um Gefallen buhlt. Er ist von ruhigem, ausgeglichenem Selbstbewusstsein, das sich in keiner Weise aufdrängt. Fremden gegenüber zeigt er eine natürliche Zurückhaltung, die keine Angst ist, sondern Würde. Wer möchte, dass er auf alle offen zugeht, muss das früh und konsequent üben. Seinen Menschen gegenüber ist er von einer engen, treuen Anhänglichkeit, die kein Spiegel seiner Besitzer ist, sondern eine eigenständige Zuneigung. Er schläft an der Seite seiner Bezugsperson, wenn diese in Sorge ist, er bleibt bei ihr, auch wenn das Haushaltsgerät daneben für ihn sonst nichts Attraktives hat. Eurasier spüren, was Menschen nicht zeigen – und handeln danach. Er hat einen Dickkopf. Nicht aus Bösartigkeit, sondern aus Charakter. Wenn ihm etwas nicht einleuchtet, diskutiert er es mit sich selbst. Konsequente, feinfühlige Führung ist der einzige Weg, der dauerhaft funktioniert. Druck erzeugt Widerstand.

Aktivitätslevel – Robust, wetterfest, mit leichtem Ausschalter

Der Eurasier ist ein aktiver Naturbursche – kein Sofahund, auch wenn er das Sofa schätzt. Tägliche Bewegung draußen ist sein echtes Bedürfnis, kein moderates Spaziergangprogramm, das man ihm aufzwingen muss. Er braucht keine übermäßigen Hochleistungsaktivitäten, aber er will draußen sein und die Welt erleben. Das Haarkleid mit der dichten Unterwolle ist schmutzabweisend und überraschend pflegeleicht: einmal wöchentlich gründlich durchbürsten reicht in der Regel aus. Im Fellwechsel entsprechend mehr. Keine Unterwolle-Verfilzungsprobleme wie bei

anderen Plüschrassen. Kälte und schlechtes Wetter beeindrucken ihn kaum. Gesundheitlich ist der Eurasier eine der robustesten Rassen seiner Größenklasse – kein Zufall, sondern Ergebnis jahrzehntelanger, wissenschaftlich begleiteter Zucht.

Familienmensch mit Distanz zu Fremden – Sozialverhalten

Mit seiner Familie ist der Eurasier von einer herzlichen, ruhigen Zuneigung. Er sucht Körperkontakt, ist anschmiegsam und zugewandt – aber auf seine Weise, nicht aufdringlich. Mit Kindern kommt er bei guter Sozialisation gut zurecht. Sein ausgeglichenes Wesen und die hohe Reizschwelle machen ihn zu einem zuverlässigen Familienhund. Fremden gegenüber bleibt er zunächst reserviert. Er ist nicht aggressiv, aber er öffnet sich nicht sofort. Das ist rassetypisch und durch frühzeitige Sozialisation gut zu beeinflussen. Mit anderen Hunden ist er individuell unterschiedlich – sehr vertraut mit jenen, die ihm sympathisch sind; wenig interessiert an unbekannten Artgenossen. Als Therapiehund, Schulhund und in der tiergestützten Pädagogik zeigt er dokumentierte Stärken durch sein Feingefühl und seine ruhige Ausstrahlung.

Was du mit ihm erleben kannst

Wanderungen – mehrtägige, ausgedehnte, mit Hunderucksack und Schutzhütten-Übernachtung – sind eine seiner liebsten Aktivitäten. Agility, Rally Obedience, Tricktraining, Nasenarbeit – er bringt adaptive Intelligenz und Kooperationsbereitschaft mit, auch wenn er kein eifrig ausführender Arbeitshund ist. Als Schulhund, Therapiebegleithund und in der tiergestützten Pädagogik zeigt er außergewöhnliche Stärken durch sein Feingefühl und seine Ruhe. Als Familienhund bei aktiven Menschen ist er ein angenehmer, langlebiger, pflegeleichter Begleiter für nahezu alle Lebenslagen.

Genau dein Typ? – Für wen der Eurasier passt

Der Eurasier passt zu Menschen, die einen

eigenständigen, feinfühligen, robusten Hund suchen – und die Freude daran haben, mit ihm in der Natur unterwegs zu sein. Er passt zu Familien, zu aktiven Senioren, zu Menschen, die Wert auf Gesundheitszucht legen und bereit sind, auf einen Welpen zu warten. Er passt auch zu sensiblen, erfahrenen Ersthundehaltern, die sich auf seinen Charakter einlassen können und die Eigenständigkeit eines Hundes als Bereicherung sehen. Er passt nicht zu Menschen, die einen hoch gehorsamen, immer verfügbaren Arbeitshund suchen. Nicht zu Zwingerhaltung. Und nicht zu Menschen, die schnell Ergebnisse erwarten – dieser Hund lässt sich nicht durch Druck formen, sondern durch Vertrauen. Wer aber bereit ist, sich auf ihn einzulassen, bekommt einen Begleiter, dem man nichts vormachen kann – und der genau dann da ist, wenn man ihn wirklich braucht.

Aktivitätstyp: B-C / Charaktertyp: B-C

Steckbrief und Geschichte

SIBERIAN HUSKY

Schnell, leichtfüßig, frei und elegant in der Bewegung – und ein Charakter, der menschenfreundlich und zugleich grundehrlich ist.

Das Rennen liegt im Blut – was dieser Hund liebt

Es gibt Hunde, die laufen gern. Und dann gibt es den Siberian Husky – der rennt, weil er gar nicht anders kann. Das Desire-to-go, die unbändige Lust an der Bewegung, ist bei dieser Rasse kein antrainiertes Verhalten, sondern ein genetisches Grundprogramm. Jahrtausende lang zogen seine Vorfahren Schlitten durch die Weiten Sibiriens, und diese Bestimmung ist ihm bis heute nicht ausgetrieben worden. Was er liebt: laufen, ziehen, Teil eines Teams sein. Zughundesport in allen Varianten – Schlittenfahren im Winter, Dogscooter, Bikejöring, Canicross im Sommer – das sind seine natürlichsten Beschäftigungen. Er braucht nicht die Zielankunft, sondern den Weg. Die Bewegung selbst ist die Belohnung. Wer ihm diese Erfahrung regelmäßig bietet, bekommt einen zufriedenen, ausgeglichenen Hund zurück. Dabei ist wichtig zu unterscheiden: Showlinie und Arbeitslinie sind beim Husky zwei unterschiedliche Welten. Hunde aus Arbeitslinien haben ein so stark ausgeprägtes Desire-to go, dass sie dauerhaft und intensiv sportlich beschäftigt werden müssen – am besten täglich, am besten mit Zugarbeit oder langen Strecken. Hunde aus Showlinien können deutlich gemäßigter sein, und manche von ihnen taugen – wenig schmeichelhaft formuliert – tatsächlich zur gelegentlichen Joggingrunde. Aber auch sie brauchen mehr als einen Spaziergang. Was er weniger mag: Eingesperrtsein, Isolation, erzwungene Ruhe ohne Ausgleich. Ein unterausgeforderter Husky erfindet sich

Mini-Steckbrief

FCI-Gruppe: 3;
Ursprungsland: USA (Herkunft: Sibirien);
Schulterhöhe: Rüden 53,5–60 cm, Hündinnen 50,5–56 cm;
Gewicht: Rüden 20,5–28 kg, Hündinnen 15,5–23 kg;
Alter: 12–15 Jahre

Beschäftigung – und die fällt in Wohnungen selten gut aus. Seine Kreativität bei der Gestaltung des Lebensraums ist bekannt und gefürchtet.
Neben dem Zughundesport ist er bei Wanderungen, Schneeschuhtouren, Radfahrbegleitung und allem aktiv, was Ausdauer und Natur verbindet. Nasenarbeit ergänzt das Bild gut als mentale Komponente.

Freundlich, freiheitsliebend, eigensinnig – Charakter

Der FCI-Standard beschreibt den Siberian Husky als freundlich und sanftmütig, aber auch aufmerksam und kontaktfreudig. Er zeige nicht die besitzbetonenden Eigenschaften eines Wachhundes, sei gegenüber Fremden selten misstrauisch und gegenüber anderen Hunden selten aggressiv. Von einem erwachsenen Husky dürfe ein gewisses Maß an Zurückhaltung und Würde erwartet werden. Intelligenz, Lenkbarkeit und Eifer machten ihn zum angenehmen Begleiter und willigen Arbeiter. Das alles stimmt – aber es zeichnet nur die halbe Persönlichkeit. Was der Standard nicht beschreibt: den ausgeprägten Eigensinn. Der Husky hat keinen nennenswerten Will-to-please, also den Wunsch, seinem Menschen zu gefallen. Er tut, was er tut, weil er es für richtig hält oder weil es sich lohnt – nicht aus Gefälligkeit. Das macht ihn zu einem ehrlichen Hund: keine Schmeichelei, keine Unterwerfung, aber auch keine Versteckspiele. Wenn ein Husky nicht will, wirft er sich auf den Boden und macht gar nichts mehr. Diese Selbstständigkeit hat historische Gründe: In den kurzen sibirischen Sommern waren die Hunde auf sich gestellt. Nur die selbstständigen, eigenständig entscheidenden Tiere überlebten. Dieses Erbe zeigt sich bis heute – in der Jagdpassion, die stark ausgeprägt sein kann, im

Drang zur Freiheit, in der Tendenz auszubüxen, sobald sich eine Gelegenheit bietet. Gleichzeitig sind Huskys echte Sozialtiere. Sie lieben Menschen, lieben ihre Rudel, sind verschmust und anhänglich – auf ihre Art. Gegenüber Fremden zeigen sie eine bemerkenswerte Offenheit, was sie als Wachhunde vollständig disqualifiziert. Ein Husky würde einen Einbrecher herzlich begrüßen.

Aktivitätslevel – kein Hund für halbe Sachen

Der Siberian Husky gehört zu den anspruchsvollsten Rassen in Sachen Bewegungsbedarf – und dieser Anspruch ist nicht verhandelbar. Eine Runde um den Block reicht nicht. Selbst zwei Stunden täglich können bei Hunden aus Arbeitslinien zu wenig sein, wenn die Qualität fehlt: Traben, ziehen, laufen – das sind seine Sprachen.
Hinzu kommt: Er ist kein Einzelhund. Huskys leben am besten in Gruppen oder zumindest zu zweit. Artgerechte Außenhaltung mit Familienanschluss gilt als die günstigste Haltungsform für Hunde aus Arbeitslinien. Wer ihn allein in einer Stadtwohnung halten möchte, muss sich sehr ernsthaft fragen, ob das im Interesse des Hundes ist.
Das Fell ist ein eigenes Kapitel: Das pelzartige Doppelfell ist für extreme Witterung gemacht – Kälte und Wind kein Problem, aber Hitze ist für viele Huskys eine echte Belastung. Im Fellwechsel verliert er extrem viel Haar, täglich Staubsaugen ist keine Übertreibung, sondern Alltag.

Menschen liebt er alle – Sozialverhalten

Mit Menschen ist der Husky von einer überschwänglichen Freundlichkeit, die keinen Unterschied zwischen vertrauten und fremden Personen macht. Er ist offen, zugänglich, herzlich – und deshalb in seiner Rolle als Familienhund klar geeignet, sofern der Bewegungsbedarf erfüllt wird. Mit Kindern kommt er in der Regel gut aus; er ist robust, geduldig und nicht nachtragend.
Mit anderen Hunden ist er, sofern gut sozialisiert, verträglich und zugewandt. Kleinere Tiere, die sich als Beute interpretieren lassen – Katzen, Kaninchen, Kleinnager – sind allerdings ein echtes Risiko. Der Jagdtrieb ist stark und kann nicht vollständig abtrainiert werden. Wachhundeigenschaften besitzt er keine. Territoriales Verhalten kommt vor, ist aber nicht die Regel. Für Menschen, die einen Hund als Schutz halten möchten,ist der Husky die falsche Wahl.

Was du mit ihm erleben kannst

Der Siberian Husky ist für sportliche Aktivitäten im Freien geboren – daran besteht kein Zweifel. Wer ihn hält, sollte sich für einen Lebensstil entscheiden, in dem der Hund täglich intensiv bewegt wird, und zwar mit echter Ausdauerkomponente. Zughundesport ist das natürlichste Betätigungsfeld: Schlittenhundrennen auf Schnee, Dogscooter und Rollersport im Sommer, Bikejöring, Canicross, Dryland-Racing – in

fast allen Disziplinen hat der Husky seinen eigenen Wettbewerbsbereich. Wer in Clubs wie dem Fränkischen Schlittenhunde-Sportclub oder dem Verband Deutscher Schlittenhundesportvereine (VDSV) aktiv wird, findet dort ein Netzwerk aus Gleichgesinnten und strukturiertes Training.
Wanderungen, Schneeschuhtouren, Expeditionstouren in nordisches Gelände – für Menschen, die outdoor zuhause sind, ist der Husky ein idealer Begleiter. Er hält jedes Tempo mit und liebt die Weite. Radfahren, sofern er gelernt hat, an der Leine zu laufen, funktioniert gut.
Als Lesehund, Therapiehund oder in anderen sozialen Einsatzkontexten eignen sich ruhige, gut sozialisierte Vertreter vorausgesetzt, ihr Bewegungsbedarf ist separat gedeckt. Der Einsatz als Schulhund ist dokumentiert möglich.
Was man vermeiden sollte: ihn ohne Leine in wildreichen Gebieten zu führen. Der Jagdtrieb kann stark sein, und ein Husky, der läuft, läuft weit. Gesicherte Freiläufe sind Grundvoraussetzung.

Genau dein Typ? – Für wen der Siberian Husky passt

Der Siberian Husky ist einer der ehrlichsten Hunde, die es gibt. Er verstellt sich nicht, er gefällt nicht, er gehorcht nicht aus Pflicht. Er ist, was er ist – und das mit einer Konsequenz, die man respektieren muss, bevor man sich für ihn entscheidet.
Er passt zu dir, wenn Sport und Natur keine Freizeitbeschäftigung sind, sondern Lebensform. Wenn du täglich mehrere Stunden aktiv draußen sein kannst und willst – mit dem Hund, für den Hund, auf seinen Bedingungen. Wenn du einen Hund magst, der seinen eigenen Kopf hat und den du führst, ohne ihn zu unterwerfen.
Er passt zu Familien mit ausreichend Platz, zu Sportbegeisterten, zu Menschen in ländlichen Räumen, zu allen, die bereit sind, ihren Alltag konsequent auf die Bedürfnisse des Hundes auszurichten.
Er passt nicht zu dir, wenn du Ruhe über alles stellst. Nicht, wenn du eine schicke Stadtwohnung ohne Auslauf hast. Nicht, wenn du einen zuverlässigen Wachhund suchst. Nicht, wenn Kleintiere im Haushalt leben. Und nicht, wenn du glaubst, seine blauen Augen seien Persönlichkeit genug – denn was dahintersteckt, ist ein Hund mit Ansprüchen, die sich nicht wegdiskutieren lassen.
Wer ihn kennt und respektiert, bekommt einen Begleiter, der für Freiheit, Abenteuer, Freundschaft und gegenseitigen Respekt steht – alles, wofür diese Rasse seit Jahrtausenden steht.

Aktivitätstyp: A / Charaktertyp: A-B

Steckbrief und Geschichte

SHIBA

Fuchs-Optik, Katzen-Charakter, Wolf-Gene – und trotzdem einer der treuesten Hunde, die du haben kannst. Wenn er das will.

Auf eigene Rechnung – was dieser Hund liebt

Der Shiba liebt es, die Welt zu erkunden. Auf seinen Bedingungen, in seinem Tempo, mit seinen Prioritäten. Das ist keine Unhöflichkeit, das ist Rassegeschichte: Jahrtausende als eigenständiger Jagdhund in den Bergen Japans haben einen Hund geformt, der Entscheidungen selbst trifft, weil er es immer musste. Wandern, Joggen, Reisen – der Shiba ist ein ausdauernder, bewegungsfreudiger Begleiter, der seinen Menschen auf viele Abenteuer mitgenommen werden will. Zuhause hingegen kann er so entspannt und ruhig sein, dass man ihn glatt für eine Couchpotato halten könnte. Dieser Kontrast ist typisch: Der Shiba ist immer das, was man gerade nicht erwartet. Sein Jagdverhalten ist ausgeprägt. In wildreichen Gebieten sollte er nicht frei laufen – anders als viele andere Hunde scheucht er nicht nur, er erlegt und verspeist auch. Nasenarbeit, Agility, Trickdogging, Mantrailing, Fährtenarbeit, Rally Obedience und Wanderungen liegen ihm. Was ihn bewegt, ist nicht der Sport an sich, sondern die Kombination aus Bewegung und echten Entscheidungsmöglichkeiten.

Intelligent, selbstbewusst, mit eigenem Kalender – Charakter

Ein verbreiteter Irrtum: Der Shiba sei nicht erziehbar. Das stimmt nicht. Er lernt schnell, versteht gut und hat ein ausgezeichnetes Gedächtnis. Die Frage ist nur, ob er das Gelernte im jeweiligen Moment für sinnvoll hält. Wenn ja, liefert er. Wenn nicht, schaut er dich mit einem Blick an, der höflich aber unmissverständlich „Nö" kommuniziert.

Mini-Steckbrief

FCI-Gruppe: 3;
Ursprungsland: Japan;
Schulterhöhe: Rüden ca. 39,5 cm, Hündinnen ca. 36,5 cm;
Gewicht: ca. 8–11 kg;
Alter: 12–15 Jahre

Genetisch steht er dem Wolf so nah wie kaum eine andere Rasse in Europa – eine Studie, die die Profile von 85 Hunderassen mit Wolfsgenetik verglich, setzte ihn auf Rang zwei. Dieses Erbe zeigt sich in seiner Eigenständigkeit, seinem Territorialverhalten und dem ausgeprägten Instinkt, Entscheidungen selbst zu fällen. Auf Härte im Training reagiert er nachtragend; Kreativität, Vertrauen und Konsequenz sind der Weg zu ihm. Mit Fremden ist er distanziert und beobachtend. Sein Territorialverhalten ist ausgeprägt; Besucher werden zunächst kritisch eingeordnet. Mit anderen Hunden ist er bedingt verträglich – Rüden können im Umgang mit Artgenossen anstrengend sein. Die Bindung an seine Hauptbezugsperson hingegen kann außergewöhnlich intensiv sein. Sein Sauberkeitsinstinkt ist bemerkenswert: Das Fell reinigt sich weitgehend selbst und riecht auch nass nicht. Trotzdem ist regelmäßiges Bürsten Pflicht – im Fellwechsel gibt er die dichte Unterwolle großzügig in der Wohnung ab.

Aktivitätslevel – draußen aktiv, drinnen entspannt

Der Shiba ist kein Extremsportler, aber auch kein Sofatier. Draußen ist er ausdauernd, bewegungsfreudig und mit echtem Erkundungsdrang unterwegs. Drinnen schaltet er gut ab – wenn er gelernt hat, es zu tun. Joggen, Wandern, Radfahren: er hält mit. Was er braucht, ist die Möglichkeit, Entscheidungen zu treffen, Gerüchen nachzugehen, die Umgebung aktiv wahrzunehmen. Sein Jagdverhalten ist das zentrale Management-Thema im Alltag. Freilauf in wildreichen Gebieten ist riskant. Ein zuverlässiger Rückruf braucht viel Zeit, konsistentes Training und Ehrlichkeit über die eigenen Grenzen. Viele Shiba-Halter verzichten auf Freilauf außerhalb gesicherter Bereiche – das ist keine Niederlage, sondern verantwortungsvoller Umgang mit der Rasse. Mit 12 bis 15 Jahren ist er eine langlebige Rasse, robust und insgesamt gesund. Im Fellwechsel sollte gründlich gebürstet werden, sonst verteilt sich die Unterwolle selbstständig.

Loyal, distanziert, wählerisch – Sozialverhalten

Der Shiba ist ein Hund für eine Person oder eine Familie – aber er wählt aus. Die Bindung an seine Bezugsperson kann außergewöhnlich tief werden; sie entsteht durch gemeinsam verbrachte Zeit, Verlässlichkeit und den Respekt vor seiner Eigenständigkeit. Wer versucht, ihn zu dominieren oder zu zwingen, bekommt einen Hund, der die Kooperation einschränkt. Wer ihn als Partner behandelt, bekommt einen der loyalsten Begleiter überhaupt.
Mit Kindern ist er möglich, aber nicht selbstverständlich – seine Reizschwelle ist situationsabhängig, und kleine Kinder, die ihn ungefragt anfassen, stoßen auf einen Hund, der das klar kommuniziert. Aufsicht und frühes Training sind hier unerlässlich. Mit anderen Hunden braucht es Fingerspitzengefühl – besonders Rüden haben klare Vorstellungen von Rangordnung und persönlichem Raum. Fremde werden beobachtet, nicht begrüßt. Das macht ihn zu einem aufmerksamen Wachhund, ohne dass er aggressiv wäre.

Was du mit ihm erleben kannst

Der Shiba ist vielseitiger als sein Ruf. Wanderungen, Joggen und Radfahren liegen ihm – er ist ein ausdauernder Begleiter, der die Welt aktiv wahrnehmen will. Mantrailing und Fährtenarbeit nutzen seinen Jagdinstinkt produktiv. Agility ist möglich, wenn das Training kreativ und abwechslungsreich gestaltet wird. Trickdogging und Rally Obedience funktionieren gut als mentale Auslastung. Reisen mit dem Shiba ist für viele Halter eine

besondere Freude – seine kompakte Größe und sein selbstbewusstes Auftreten machen ihn zu einem unkomplizierten Reisebegleiter, solange die Umgebung abgesichert ist. Was er nicht braucht: endlose Drill-Übungen. Was er braucht: echte Herausforderungen, Freiheit zum Erkunden und einen Menschen, dem er vertraut.

Genau dein Typ? – Für wen der Shiba passt

Der Shiba passt zu Menschen mit Erfahrung im Umgang mit eigenständigen Hunden – und mit der Bereitschaft, eine echte Beziehung aufzubauen, statt einen folgsamen Assistenten zu suchen. Er passt zu Menschen, die Charakter schätzen, auch wenn er sich gelegentlich stur ausdrückt. Er passt zu aktiven Einzelpersonen oder Paaren, zu Familien mit älteren Kindern und zu Menschen, die ihre Freizeit gerne draußen verbringen. Er passt gut zu einem Lebensstil, der Reisen einschließt.

Er passt nicht zu dir, wenn du reibungslosen Gehorsam erwartest. Nicht, wenn du einen Hund willst, der Fremde herzlich begrüßt. Nicht, wenn du Freilauf in Wildgebieten als selbstverständlich betrachtest. Und nicht, wenn du keine Zeit hast, in die Beziehung zu investieren – der Shiba gibt das zurück, was er bekommt. Mit Zinsen.

Aktivitätstyp: B / Charaktertyp: A

Steckbrief und Geschichte

Mini-Steckbrief
FCI-Gruppe: 5;
Ursprungsland: Deutschland;
Schulterhöhe: 18–22 cm;
Gewicht: Idealgewicht laut Standard ca. 2–3,5 kg; Mindesgewicht im deutschen Standard 2 kg;
Alter: 12–16 Jahre

POMERANIAN (ZWERGSPITZ)

Er war der Liebling von Queen Victoria, Mozart und Marie Antoinette – und ist heute Social-Media-Star mit Millionen Followern. Doch unter dem Plüschfell steckt ein echter Hund mit großer Persönlichkeit – und ernstzunehmenden Gesundheitsfragen.

Unternehmungslustig, wachsam, immer dabei – was dieser Hund liebt

Wenn ein blinder Senior vorsichtig ein kleines Fellknäuel abtastet und ungläubig fragt „Das ist ein Hund?“, welcher das dann mit einem sanften Lecken der Hände beantwortet – und der Mann lächelt –, dann ist das ein Moment, der zeigt, wofür ein gut erzogener Zwergspitz stehen kann. Klein, sanft, präzise im Gespür für sein Gegenüber.

Was er liebt: dabei sein, überall. Wanderungen über Stock und Stein, fünf Stunden lang? Kein Problem. Agility? Mit Freude. Begleithundeprüfung? Bestanden, mit Abzug nur wegen eines Ameisennests bei der Ablage. Der Zwergspitz weiß schlicht nicht, wie klein er ist – und das ist eine seiner liebenswertesten Eigenschaften.

Er liebt Aufmerksamkeit, er liebt seine Menschen, er liebt das Mittelfeld des Geschehens. Er ist ein aufgeweckter, lebhafter Hund, der täglich Beschäftigung braucht – körperlich und geistig. Tricktraining, Suchspiele, Agility: Er lernt schnell und ist für Neues zu begeistern.

Was er weniger mag: ignoriert werden, allein bleiben, Unbekanntes ohne Vorbereitung. Sein Wachsamkeitspegel ist hoch, und was ihn stört, kommentiert er – wenn nicht entsprechend erzogen wird, mit Nachdruck.

Selbstbewusst und souverän – Charakter

Der Zwergspitz ist sich seiner selbst sehr sicher. Er bewegt sich durch die Welt mit einem Grundgestus des Selbstvertrauens, der für seine Größe außergewöhnlich ist. Er ist klug, charmant, fröhlich und von einer anhänglichen Herzenswärme gegenüber seinen Menschen, die ihn zu einem ausgezeichneten Begleithund macht. Gleichzeitig hat er seinen eigenen Kopf. Er kann eigenständig werden, gelegentlich die eigenen Ziele denen des Menschen vorziehen, und seine territoriale Veranlagung zeigt sich deutlich: Er meldet, wer sich dem Haus nähert. Ohne entsprechendes Training kann Bellen zu einem echten Alltagsproblem werden – das ist keine Kleinigkeit bei einem Hund mit durchdringender Stimme in einer Mietwohnung.
Er ist sensibel, spürt Stimmungen und reagiert auf Spannung in seinem Umfeld. Eine ruhige, konsequente Führung liegt ihm. Druck und Ungeduld sind kontraproduktiv. Als Therapie- und Besuchshund in Senioreneinrichtungen und bei Menschen mit Einschränkungen überzeugt er durch seine anschmiegsame Wärme, seine handliche Größe und sein Gespür. Die Schönheit und Sanftheit seines Äußeren senkt Berührungsängste effektiv.

Aktivitätslevel – lebhaft, mobil, mit echter Ausdauer

Der Zwergspitz ist lebhafter als viele vermuten. Er braucht täglich ausreichend Bewegung und geistige Stimulation. Im Haus ist er bei entsprechender Auslastung ein ruhiger, angenehmer Mitbewohner – unterforderter Zwergspitz dagegen sucht lautstark Beschäftigung. Wegen häufiger Gelenkprobleme (Patellaluxation) sollte sportliche Betätigung tierärztlich abgecheckt sein; intensive Wendungen und hohe Sprünge im Agility erfordern Vorsicht und regelmäßige physiotherapeutische Kontrolle. Das Fell braucht regelmäßiges Bürsten und

gelegentlichen Friseurbesuch. Zahnhygiene ist bei dieser Rasse besonders wichtig – Zwergspitze neigen zu Zahnstein. Augen tränen häufig und müssen regelmäßig gereinigt werden.

Anhänglich und wachsam – Sozialverhalten

Mit seiner Familie ist der Zwergspitz von einer demonstrativen Zuneigung. Er folgt überallhin, bevorzugt den Schoß und das Bett und sucht dauerhaft Körperkontakt. Er ist keine Gelegenheitsbegleitung, er ist Vollzeitmitglied der Familie. Gegenüber Fremden ist er tendenziell misstrauisch bis skeptisch – nicht aggressiv, aber reserviert und zunächst wachsam. Mit guter Sozialisation öffnet er sich, bleibt aber immer ein Hund mit ausgeprägtem Beschützersinn gegenüber seinen Menschen und seinem Territorium. Mit anderen Hunden ist er bei früher Sozialisation verträglich. Große, grobe Hunde können ihn überfordern; Schutz ist aktiv zu gewährleisten.

Was du mit ihm erleben kannst

Der Zwergspitz ist bewegungsfreudiger und ausdauernder als sein Erscheinungsbild vermuten lässt. Fünfstündige Wanderungen sind dokumentiert möglich. Agility in kleinhundgerechtem Parcours, Tricktraining, Suchspiele, Rally Obedience – er bringt Lernfreude und Kooperationsbereitschaft mit.
Als Therapie- und Besuchshund in Seniorenheimen, Hospizen und Schulen überzeugt er durch Wärme, handliche Größe und Feingefühl. Begleithundeprüfungen sind möglich und sinnvoll.
Motorradtouren als Beifahrer, Stadtleben als City-Begleiter, Bürobegleitung – er ist anpassungsfähig und sozial, solange er ausreichend ausgelastet ist.

Genau dein Typ? – Für wen der Zwergspitz passt

Der Zwergspitz passt zu Menschen, die einen kleinen, lebhaften, sehr anhänglichen Hund suchen – und bereit sind, ihn als echten Hund zu behandeln, nicht als Accessoire.
Er passt zu aktiven Menschen, die trotz kleiner Wohnung täglich aktiv sind. Er passt zu Senioren, die einen leichten, sozialen Begleiter suchen. Er passt zu Haushalten, in denen jemand überwiegend zuhause ist.
Er passt nicht zu Menschen, die Bellfreudigkeit nicht tolerieren können. Nicht zu jemandem, der wenig Zeit für Training und Sozialisation hat. Nicht zu Haushalten mit vielen grob spielenden Kindern oder übergriffigen großen Hunden.
Und beachte bitte: Bei der Anschaffung auf Gesundheit achten, Züchter kritisch prüfen und sich über die realen Gesundheitsrisiken der Rasse informieren. Das sonnige Gemüt des Pomeranian ist real es verdient einen gesunden Körper als Basis.

Aktivitätstyp: B-C / Charaktertyp: B

Steckbrief und Geschichte

5.6 GESELLSCHAFTSHUNDE – KLEINE FREUNDE, GROSSE HERZEN

Liebenswert & lebendig – oft unterschätzt, immer mit Persönlichkeit

Klein von Wuchs, groß von Persönlichkeit – für Menschen, die einen echten Partner suchen.

Gesellschaftshunde wurden als Begleiter für den Menschen gezüchtet – und das merkt man. Kaum eine Gruppe geht so auf ihre Menschen ein, liest Stimmungen so genau, passt sich so feinfühlig an. Das macht sie zu wunderbare Gefährten – und manchmal auch zu Meistern der sanften Manipulation. Wer sie als Schoßtier abtut, unterschätzt sie gewaltig. Wer sie ernst nimmt, erlebt, was echte Verbundenheit auf vier Pfoten bedeutet.

CHIHUAHUA

Der (fast) kleinste Hund der Welt – mit dem Selbstbewusstsein einer Dogge, dem Mut eines Terriers und einer Treue, die keine Körpergröße braucht.

Mittendrin statt außen vor – was dieser Hund liebt

Der Chihuahua möchte dabei sein. Immer, überall, mit dir. Das ist sein Grundbedürfnis – kein Schoßhündchen-Klischee, sondern die natürliche Konsequenz einer Rasse, die seit Jahrtausenden als enger Begleiter des Menschen gezüchtet wurde. Er ist nicht dazu gemacht, im Körbchen zu warten. Er ist dazu gemacht, mitzumachen.
Was er liebt: Aufmerksamkeit, Beschäftigung, Bewegung. Nicht in der Form, die man von einem großen Arbeitshund kennt – aber in einer, die seiner Körpergröße entspricht und dabei nichts an Intensität einbüßt. Mantrailing, Trickdogging, Dogdance, Nasenarbeit, Rally Obedience, Agility (mit entsprechenden Hindernissen), Schulhundearbeit, Zielobjektsuche, Therapiehundearbeit: der Chihuahua ist für seine Größe erstaunlich vielseitig einsetzbar. Er kann Begleithundeprüfungen ablegen, im Turnierhundesport antreten und als ausgebildeter Suchhund im Polizeidienst stehen.

Mini-Steckbrief

FCI-Gruppe: 9;
Ursprungsland: Mexico;
Schulterhöhe: ca. 15–23 cm;
Gewicht: bis 3/3,5 kg;
Alter: 15–20 Jahre

Das ist keine Ausnahme – das ist Potenzial. Reisen ist mit ihm unkompliziert: Sein Format passt in die Zugtasche, in viele Hotelzimmer, sogar in die Flugzeugkabine. Wer einen Hund sucht, der die Welt mitentdeckt, findet im Chihuahua einen erstaunlich mobilen Partner.

Tapfer, klug, manchmal tyrannisch – Charakter

Der Chihuahua hat keine Ahnung, wie klein er ist. Das ist sein größtes Qualitätsmerkmal und sein größtes Risiko gleichzeitig. Er geht furchtlos auf Situationen zu, in denen andere Hunde zögern würden. Er schützt sein Zuhause, seine Menschen, sein Territorium – mit vollem Körpereinsatz, ungeachtet der Größenverhältnisse. Diese Furchtlosigkeit hat schon Schlangen gebissen, Einbrecher vertrieben und Tigerbabys erzogen.
Er ist klug, lernfreudig und möchte gelobt werden. Wenn seine Bezugsperson stolz auf ihn ist, wächst sein Selbstbewusstsein spürbar. Das macht ihn empfänglich für positives Training – und empfindlich für inkonsequente Führung. Ein schlecht erzogener Chihuahua, dem zu viel durchgegangen ist, kann ein kleiner Tyrann werden: bellend, schnappend, unberechenbar. Das ist keine Rasseanlage, das sind die Folgen fehlender Grenzen. Er braucht dieselbe klare, liebevolle Führung wie jeder große Hund – nur weil er in eine Handtasche passt, heißt das nicht, dass Regeln optional sind.
Seine Bindung an die Hauptbezugsperson ist intensiv. Manchmal exklusiv. Er möchte seinen Menschen am liebsten ganz für sich – und kann eifersüchtig reagieren, wenn das nicht klappt. Das ist keine Schwäche, das ist Charakter. Den man kennen und entsprechend gestalten muss.

Aktivitätslevel – lebhaft, neugierig, ausdauernder als gedacht

Der Chihuahua ist agiler als sein Ruf. Er braucht tägliche Bewegung, Beschäftigung und mentale Herausforderung – körper-

lich angepasst an seine Größe, aber keinesfalls weniger ernsthaft. Ein unterbeschäftigter Chihuahua bellt, frisst Einrichtungsgegenstände oder kompensiert auf andere Weise. Gleichzeitig ist er ein überzeugter Hausbewohner: Nach dem Spaziergang oder der Trainingseinheit ist er gut darin, sich zu erholen und ruhig zu sein. Er friert schnell – sein kurzes Fell und die Bodennähe machen ihn temperatursensibel. Bei Kälte und Nässe gehört ein funktionaler Hundemantel zur Ausrüstung, kein modisches Accessoire.
Mit 15 bis 20 Jahren ist der Chihuahua eine der langlebigsten Hunderassen überhaupt. Das ist ein Argument für sorgfältige Wahl: Wer einen Chihuahua nimmt, geht eine Bindung ein, die zwei Jahrzehnte dauern kann.

Treu, wählerisch, territorial – Sozialverhalten

Mit seiner Bezugsperson ist der Chihuahua bedingungslos loyal. Mit der Familie kommt er gut aus, wenn er früh und gründlich sozialisiert wurde. Zu Kindern hat er ein gespaltenes Verhältnis: Kleine Kinder, die ihn ungefragt anfassen, stoßen auf eine klare Reaktion. Ältere Kinder, die respektvoll mit ihm umgehen, gewinnen schnell einen treuen Freund.
Mit anderen Hunden ist er sozial möglich – aber die Größenverhältnisse müssen berücksichtigt werden. Er überschätzt sich regelmäßig und legt sich mit Hunden an, die ihn um ein Vielfaches überragen. Frühzeitige Sozialisation ist die wichtigste Investition in einen ausgeglichenen Chihuahua.
Mit Fremden verhält er sich je nach Sozialisation und Persönlichkeit unterschiedlich: von herzlich-offen bis reserviert-wachsam. Als Alarmanlagenersatz ist er durchaus geeignet – er hört und meldet alles, was er für relevant hält.

Was du mit ihm erleben kannst

Der Chihuahua steckt voller Überraschungen. Mantrailing und Nasenarbeit nutzen seinen scharfen Geruchssinn. Trickdogging und Dogdance machen aus seinem Geltungsdrang eine Show. Zielobjektsuche und Schulhundearbeit kommen seinem sozialen Gespür zugute. Als Therapie- und Besuchshund in Pflegeeinrichtungen und Kindergärten gewinnt er schnell Herzen.
Rally Obedience und Agility sind möglich – wer seine Erwartungen an die Hindernishöhen anpasst, hat an einem Chihuahua einen motivierten, aufmerksamen Sportpartner. Reisen macht er zum Vergnügen: kompakt, unkompliziert, immer dabei.
Was er nicht braucht: stundenlanges Alleinsein, Kälte ohne Schutz und Menschen, die ihn nicht ernst nehmen.

Genau dein Typ? – Für wen der Chihuahua passt

Der Chihuahua passt zu Menschen jedes Alters und Lebensstils – von der aktiven Sporttreibenden bis zur Seniorin im Rollstuhl. Er passt in kleine Wohnungen ebenso wie in große Häuser, in die Stadt genauso wie aufs Land. Er passt zu Menschen mit Handicap, zu Vielreisenden, zu Familien mit älteren Kindern.
Er passt nicht zu dir, wenn du glaubst, ein kleiner Hund brauche keine Erziehung. Nicht, wenn du ihn als Accessoire betrachtest. Nicht, wenn du Konsequenz im Alltag schwierig findest. Und nicht, wenn du Kinder hast, die noch nicht gelernt haben, mit einem kleinen Tier respektvoll umzugehen.
Wer aber bereit ist, diesen kleinen Hund so ernst zu nehmen, wie er es verdient – den überrascht er täglich. Mit Mut, Loyalität, Humor und einer Präsenz, die jeden Raum füllt. Unabhängig von seiner Größe.

Aktivitätstyp: C / Charaktertyp: B

Steckbrief und Geschichte

Mini-Steckbrief

FCI-Gruppe: 9;
Ursprungsland: Frankreich;
Schulterhöhe: Großpudel (45–60 cm, Toleranz ±2 cm); Kleinpudel (35–45 cm); Zwergpudel (28–35 cm);
Gewicht: Großpudel ca. 18–30 kg; Kleinpudel ca. 10–18 kg; Zwergpudel ca. 5–10 kg;
Alter: 12–15 Jahre

PUDEL

Der fröhliche Lockenschopf hat sein Image als gepuderter Salonlöwe längst hinter sich gelassen – was er wirklich ist, überrascht immer noch.

Showman, Jäger, Allrounder – was dieser Hund liebt

Es gibt Pudel, die einem Ball begeistert hinterherjagen – und sich danach strahlend dem Publikum präsentieren, als hätten sie gerade etwas Historisches geleistet. Das passt perfekt. Der Pudel ist nämlich beides: ein Hund mit echter Arbeitsfreude und echter Selbstdarstellungslust, und er weiß sehr genau, was er davon wann einsetzt.

Was er liebt: mit seinem Menschen etwas tun. Das kann Apportieren sein, Fährtenarbeit, Schweißarbeit, Dummytraining, Rettungshundearbeit, Agility, Hoopers, Zughundesport, Mantrailing, ID-Tracking oder die klassische Schleppenarbeit – er bringt für nahezu alles gute Voraussetzungen mit. Und er macht das gerne, ausdauernd und mit echtem Engagement. In den USA werden Großpudel, Kleinpudel und Zwergpudel noch heute jagdlich geführt und im Wasserapport eingesetzt. Dass er zur FCI-Gruppe 9 gehört – Gesellschafts- und Begleithunde – ist historisch begründet, aber keine vollständige Einordnung.
Was oft vergessen wird: Der Pudel hat eine ausgeprägte jagdliche Seite. Nicht bei allen Exemplaren gleich stark, aber bei vielen deutlich vorhanden. Manche bleiben bei Wild völlig ruhig, andere scannen beim Spazier-

gang aufmerksam den Horizont und würden ohne verlässlichen Rückruf den nächsten Waldrand erkunden – lautstark und ausdauernd. Wer seinen Pudel kennt, weiß, wozu er neigt. Wer einen Pudel kauft, sollte wissen, dass er möglicherweise einen Jagdhund im Lockenfell bekommt.
Als Entertainmentprofi hat er eine lange Tradition: Im 19. Jahrhundert waren Pudel Stars der Unterhaltungsbranche, balancierten auf Bällen, sprangen durch Reifen, spielten in den beliebtesten Varietés Londons, Berlins und Hamburgs. In den 1990er-Jahren nahmen Großpudel sogar am Iditarod in Alaska teil – dem härtesten Schlittenhunderennen der Welt. Dass später nur noch Polarhunde zugelassen wurden, ändert nichts an der Leistung: Sie kamen ins Ziel.

Intelligent, sensibel, mit einem echten Clown-Gen – Charakter

Pudel sind sehr menschenbezogen. Das ist keine Marketingformulierung, das ist eine Grundkonstante der Rasse. Sie suchen die Nähe zu ihren Menschen, beobachten sie aufmerksam, passen ihr Verhalten an Stimmungen an und haben ein ausgeprägtes Gespür dafür, was von ihnen erwartet wird – oder was gerade die Stimmung in einem Raum ausmacht.
Gleichzeitig sind sie intelligent auf eine Weise, die sie anspruchsvoll macht. Ein Pudel, der nicht gefordert wird, sucht sich selbst Aufgaben. Und die sind nicht immer im Sinne seiner Menschen. Langeweile ist sein größter Feind.
Der Clown ist kein Klischee, sondern Charakterzug: Pudel lieben Aufmerksamkeit, genießen es, wenn ihre Kunststücke bewundert werden, und haben echten Humor. Dieser Zug macht sie im Alltag unterhaltsam – und in der Arbeit manchmal herausfordernd, weil die Grenze zwischen produktivem Spieltrieb und mangelnder Ernsthaftigkeit beim Training nicht immer scharf ist. Eine Einschränkung, die Züchter kennen und benennen: Manche Pudel neigen zu einer

gewissen Unsicherheit oder Zurückhaltung gegenüber Fremdem. Das ist kein Wesensfehler, aber es ist auch kein Ideal. Gute Zucht zielt auf souveräne, selbstsichere Hunde ab, die Neues neugierig erkunden statt ängstlich meiden. Die Sozialisation im Welpenalter ist entscheidend. Die Farbe beeinflusst den Charakter – das ist eine unter Züchtern beobachtete, wenn auch nicht wissenschaftlich gesicherte Tendenz. Da Pudel innerhalb einer Farbe oft relativer eng miteinander verwandt sind, haben sich charakterliche Nuancen zwischen den Farbschlägen entwickeln können. Das macht die Wahl des richtigen Welpen mit dem richtigen Züchter besonders wichtig.

Aktivitätslevel – ausdauernd und arbeitsfreudig

Der Pudel ist kein Sofakissenhund. Er braucht tägliche Bewegung und – mindestens gleichwertig – mentale Beschäftigung. Wer ihm nur Spaziergänge bietet, hat die Hälfte seiner Bedürfnisse abgedeckt. Ein Pudel, der wirklich ausgelastet ist, ist im Haus ruhig, ausgeglichen und ein angenehmer Zeitgenosse. Einer, dem Kopfarbeit fehlt, findet eigene Lösungen. Die Reifung ist langsam: Pudel werden erst mit drei bis vier Jahren mental wirklich erwachsen. Das ist ein wichtiger Hinweis für den Trainingsaufbau – wer zu früh zu viel verlangt, überfordert einen Hund, der körperlich schon groß, aber emotional und kognitiv noch im Aufbau ist. Geduld zahlt sich aus. Sein Ausdauerpotenzial ist beachtlich. Zughundesport, lange Geländetouren, Rettungshundeeinsätze auf schwierigem Terrain – er ist nervenstärker und geländefester als sein gepflegtes Äußeres vermuten lässt.

Aufgeschlossen für Kinder, Hunde, der Welt – Sozialverhalten

Der Pudel ist aufgeschlossen und kontaktfreudig. Mit Kindern kommt er in aller Regel sehr gut zurecht; er ist geduldig, verspielt und belastbar genug für lebhaftes Familienleben. Mit anderen Hunden zeigt er sich meistens sozial und verträglich. Jagdtrieb ist im Zusammenspiel mit Kleintieren je nach Individuum ein Thema – das sollte man kennen und entsprechend managen. Gegenüber Fremden ist er überwiegend offen. Als Wachhund ist er nicht konzipiert, auch wenn er Ungewohntes durchaus registriert und meldet.

Was du mit ihm erleben kannst

Dummytraining, Apportieren, Wasserarbeit, Fährtenarbeit, Schweißarbeit, Schleppenarbeit, Mantrailing, ID-Tracking, Agility, Hoopers, Zughundesport, Obedience, Rally Obedience, Rettungshundearbeit, Therapiehundearbeit, Jagdliche Ausbildung (Groß-, Klein-, Zwergpudel), Dogdance, Trickdogging – die Liste ist lang, und das ist kein Marketing. Der Pudel ist einer der vielseitigsten Hunde überhaupt.
Was er braucht: echte Aufgaben, regelmäßige Fellpflege und einen Menschen, der versteht, dass hinter den Locken ein Arbeitshund steckt, der mit Respekt behandelt werden will.

Genau dein Typ? – Für wen der Pudel passt

Der Pudel passt zu aktiven Menschen und Familien, die einen intelligenten, vielseitigen, menschenbezogenen Hund suchen – und die bereit sind, Fellpflege nicht als Nebensächlichkeit zu behandeln. Er passt zu Ersthundehaltern, wenn diese engagiert sind und eine Hundeschule nutzen.
Er passt nicht zu dir, wenn du wenig Zeit für Pflege und Beschäftigung hast. Nicht, wenn du einen Hund suchst, der sich selbst genug ist. Und nicht, wenn du glaubst, ein Pudel brauche als „Gesellschaftshund" weniger Beschäftigung als andere Rassen – das ist das hartnäckigste Missverständnis dieser Rasse. Wer aber einen Hund möchte, der morgens mit echtem Enthusiasmus aufwacht, der im Rettungsdienst genauso zuhause ist wie auf dem Dummyplatz oder in der Stadtführung – der ist beim Pudel genau richtig.

Aktivitätstyp: C / Charaktertyp: B

Steckbrief und Geschichte

KROMFOHR-LÄNDER

Eine Foxterrierhündin, ein vagabundierender Fremder und ein genetisches Wunder – so begann die Geschichte einer der jüngsten deutschen Hunderassen. Was dabei herauskam, überrascht bis heute.

Spieler, Schnüffler, Schatten – was dieser Hund liebt

Der Kromfohrländer ist eine Sportskanone in einem Körper, der auf den ersten Blick nach gemütlichem Familienhund aussieht. Er liebt Bewegung, liebt Geschwindigkeit, liebt Sprungkraft – und zeigt das mit einer Unverfrorenheit, die manchen Agility-Parcours-Zuschauer verblüfft. Ein flitzender Langhaar-„Kromi" auf dem Agility-Platz wird gelegentlich mit einem Border Collie verwechselt. Was er liebt: seinen Lieblingsmenschen. Das ist das eigentliche Zentrum seines Wesens. Alles andere – der Sport, die Nasenarbeit beim Mantrailing, das Schnüffeln im Gelände, die Arbeit als Co-Therapeut – geschieht in Begleitung dieses einen Menschen, dem er sein Herz geschenkt hat. Der Kromi verlässt seinen Zweibeiner ungern. Selbst wenn ein Waldbewohner vorbeiläuft, kehrt er zurück. Er ist ein ausgezeichneter Alltagsbegleiter: Nach dem Sport kringelt er sich zusammen und döst. Als Büro- oder Kaffeehausbegleiter mit entsprechendem Training ideal. Nur langes Alleinsein ist für ihn eine echte Belastung.

Feinfühlig, blitzgescheit, anhänglich – Charakter

Der Kromfohrländer ist intelligent und lernt in Lichtgeschwindigkeit. Das ist seine stärkste Qualität – und seine größte Herausforderung für den Menschen: Er lernt nicht nur

Mini-Steckbrief

FCI-Gruppe: 9;
Ursprungsland: Deutschland;
Schulterhöhe: 38–46 cm;
Gewicht: ca. 9–16 kg;
Alter: 12–14 Jahre

gutes Benehmen schnell, sondern auch alles andere. Dauerkläffen oder kreative Wohnungsumgestaltung sind mögliche Ergebnisse eines Laissez-faire-Erziehungsstils. Er bindet sich an seinen Lieblingsmenschen mit einer Intensität, die anderen Familienmitgliedern manchmal zu denken gibt. Diese außergewöhnliche Tiefbindung ist Rassecharakter. Sie macht ihn zu einem feinfühligen Begleiter, der die Gefühlswelt seines Menschen mit sehr feinen Antennen erfasst – und in geeigneten Fällen zu einem ausgezeichneten Therapiehund. Fremden gegenüber ist er manchmal reserviert. Das und seine gelegentliche Wachsamkeit sind nicht aus der Herkunft als Gebrauchshund erklärbar – der Kromi wurde nie für Wach- oder Hütedienste selektiert. Es ist einfach Teil seiner Persönlichkeit, die sich durch konsequente, liebevolle Sozialisierung gut entwickeln lässt.

Aktivitätslevel – lebhaft mit gutem Ausschalter

Der Kromi ist aktiv und braucht tägliche Bewegung und Beschäftigung. Er kann rasante Geschwindigkeiten auffahren und besitzt eine beeindruckende Sprungkraft. Gleichzeitig hat er einen guten Ausschalter: Nach dem Sport kommt er gut zur Ruhe und ist im Haus ein ruhiger, angenehmer Mitbewohner. Das Fell ist je nach Variante unterschiedlich aufwändig: Rauhaarige Kromis müssen regelmäßig getrimmt werden – abgestorbenes Haar muss herausgezogen werden, sonst sieht das Fell unschön aus. Das Glatthaar ist pflegeleichter. Eine besondere Eigenschaft: Das Fell des Kromis hat selbstreinigende Eigenschaften und der Hund verströmt kaum Eigengeruch. Er haart jedoch, teils erheblich.

Tief gebunden, manchmal reserviert – Sozialverhalten

Mit seiner Bezugsperson ist der Kromi von einer nahezu symbiotischen Verbundenheit. Mit der gesamten Familie ist er herzlich und liebevoll – aber es gibt immer einen Menschen, dem er sich besonders verschreibt. Das sollte jede Familie wissen, bevor sie sich einen Kromi anschafft. Mit anderen Hunden ist die Verträglichkeit individuell unterschiedlich. Mit Kindern kommt er gut aus. Gegenüber Besuchern zeigt er manchmal Reserviertheit – das ist kein Aggressionsproblem, sondern Vorsicht, die durch positive Gewöhnung gut gelenkt werden kann. Als Therapiehund zeigen souveräne Exemplare außergewöhnliche Stärken durch ihr Einfühlungsvermögen.

Was du mit ihm erleben kannst

Der Kromi ist für Agility, Mantrailing, Nasenarbeit, Schnüffelspiele und Jogging- und Wandertouren gleichermaßen begeistert. Er hat Sprungkraft und Geschwindigkeit für ernsthaften Sport – aber auch die Ruhe für entspannte Begleitung im Büro und Café. Als Therapiehund zeigt er in geeigneten Fällen außergewöhnliche Qualitäten. Als Schulhund, Co-Therapeut in pädagogischen oder medizinischen Kontexten ist er einsetzbar. Seine Bellfreudigkeit als Alarmsignal sollte früh in Bahnen gelenkt werden – er ist aufmerksam und meldet, was ihn stört, und das mit Nachdruck.

Genau dein Typ? – Für wen der Kromfohrländer passt

Der Kromi passt zu engagierten, feinfühligen Menschen, die viel Zeit mit ihrem Hund verbringen und die tiefe Bindung dieser Rasse als Geschenk und nicht als Vereinnahmung erleben. Er passt zu Menschen, die konsequent führen können, ohne hart zu sein. Er passt zu Familien, zu aktiven Alleinlebenden, zu Menschen, die Hundesport ernsthaft betreiben wollen.
Er passt nicht zu Menschen, die wenig Zuhause sind. Nicht zu jemandem, der Erziehung als optional betrachtet. Und nicht zu Menschen ohne Geduld für gelegentliche Eigenwilligkeit. Wer aber eine Rasse sucht, die wirklich einzigartig ist – entstanden aus einem genetischen Wunder und gezüchtet für das Miteinander – findet im Kromi einen Begleiter, der jeden Tag mit seiner unbeirrbar positiven Energie bereichert.

Aktivitätstyp: C / Charaktertyp: B-C

Steckbrief und Geschichte

Außerdem: Portraits Havaneser, Bolonka Zvetna & Papillon

5.7 WINDHUNDE – ELEGANZ IM SPRINT

Sichtjäger, Sofahelden und stille Loyalisten

Für Menschen, die Großzügigkeit von Herz und Raum mitbringen.

Sie sind das vielleicht am meisten missverstandene Kapitel der Hundewelt: im Haus schläfrig wie eine Katze, draußen schnell wie der Wind – und dabei immer ein bisschen unnahbar, ein bisschen aristokratisch, ein bisschen andersartig. Windhunde brauchen keine permanente Beschäftigung, aber sie brauchen Freiheit: Raum, um sich zu bewegen, und Vertrauen, um sich zu öffnen. Wer das mitbringt und sich auf ihr zurückhaltendes Wesen einlässt, wird mit einer tiefen, leisen Treue belohnt, die schwer zu beschreiben – aber unmöglich zu vergessen ist.

Dr. Karin Dohrmann hat sich intensiv mit der Herkunft beschätigt und erklärt:

„Windhunde: Sprinter, Strategen, Individualisten"

Wie ein Galgo mein Leben auf den Kopf stellte

Mein erster Windhund war Luisa, 2004. Vorher hatte ich mein Leben mit Humphrey verbracht, einen Straßenhund aus Griechenland, der sich mir im Urlaub einfach angeschlossen hatte. Ich dachte, ich kann mit Hunden gut umgehen. Und dann kam dieser Windhund und stellte mein Leben buchstäblich von den Füßen auf den Kopf.

Als ich damals von der Tierschutz-Organisation mehr Informationen zu Galgos haben wollte, um meinen eigenen Hund besser zu verstehen, wurde mir nur trocken mitgeteilt, dass man mit den spanischen Jägern, die diese Hunde züchten und so schlecht halten, nicht im Kontakt treten will. Galgos sind halt Jagdhunde, aber dafür ja auf dem Sofa so ruhig und unkompliziert. Heute ist der Tierschutz glücklicherweise deutlich informierter über die Rasseeigenheiten der Galgos und deren Haltung. Für mich war damals dieses Desinteresse am Zusammenleben von Jäger und Galgo nicht nachvollziehbar, was dann meinen wissenschaftlichen Ehrgeiz entzündet hat. Ich habe Spanisch gelernt, habe Kontakt zu Tierschutzorganisationen in Deutschland und Spanien aufgebaut, Transporte mitgemacht, Kontakt zu Jägern aufgenommen und an der Jagd mit Galgos teilgenommen. Ich habe dort ganz andere Erfahrungen im Umgang mit dem Galgo gemacht, entspanntere Hunde gesehen, als man sie hier in Deutschland in den Windhundausläufen beobachten konnte und meinen eigenen Hund besser verstehen gelernt.

Galgo, der Jagdhund - gezüchtet auf Leistung, nicht auf Aussehen

Galgos werden in Spanien ausschließlich auf ihre jagdlichen Fähigkeiten hin gezüchtet. Den spanischen Jäger ist es völlig egal, wie der Hund aussieht. Gewinnen Galgos bei Wettkämpfen, dann setzen die Jäger diese Champions auch gerne zur Zucht ein, um möglicherweise einen noch besseren Champion zu erhalten. Das macht sich dann auch im Tierschutz bemerkbar, wenn ein Champion bei allen möglichen Jägern eingesetzt wird und dort seine genetischen Spuren hinterlässt. Eine Zeit lang kommen lauter schwarze Galgos, dann eine Zeitlang zimtfarbene Galgos in den Tierschutz.

Dr. Karin Dohrmann ist promovierte Ägyptologin und Kunstvermittlerin – und seit vielen Jahren leidenschaftliche Windhundehalterin. Durch ihre Galgos und die intensive Auseinandersetzung mit der spanischen Jagdkultur hat sie sich tiefes Wissen über Windhunde und ihre Geschichte erarbeitet.

Der Galgo mit einem Stockmaß von 70 Zentimetern wird zwischen 13–17 Jahren alt. Es gibt auch einige Exemplare, die noch älter wurden. Die Hunde die aus Spanien kommen, sind in der Regel robust und bis ins hohe Alter gesund. Das liegt an der hohen Gesamtpopulation der Galgos in Spanien und der darauf basierenden genetischen Biodiversität. Diese genetische Vielfalt, verbunden mit dem Zuchtziel auf Leistung, hat eine unglaublich widerstandsfähige Rasse erzeugt. Wenn man die Jagd verbieten und nur noch auf Schönheit züchten würde, dann würde diese Rasse sehr schnell viele ihrer genetisch bedingten Fähigkeiten verlieren wie auch ihre Robustheit.

Jagduntauglich – was das wirklich bedeutet

Wer Galgos aus dem Tierschutz adoptiert, begegnet manchmal der Beschreibung „als jagduntauglich abgegeben“. Aber was bedeutet das in Spanien? Jagdunfähig bedeutet nicht, dass der Hund nicht jagt. Die Galgeros halten meist eine große Meute an Galgos. Sie haben weder Zeit noch Geduld für einen Spätzünder. Auch hippelige Junghunde, die die Meute durcheinanderbringen, werden als „jagduntauglich“ aussortiert. Das bedeutet aber nicht, dass sie kein Jagdinteresse entwickeln. Aussortiert werden auch Hunde, die nicht gut mit einem fremden Hund kooperieren. In Spanien werden bei Wettkämpfen zwei völlig fremde Hunde zusammen auf die Jagd geschickt – die müssen sich sofort koordinieren und absprechen, wie sie die Bewegung des Hasen manipulieren und damit gemeinsam erfolgreich sind. Wer das nicht kann, wird aussortiert. „Jagdunfähig“ kann also heißen: zu langsam, zu nervig, zu selbständig oder auch zu eigenwillig und zu wild zu sein. Daraus zu schließen, dass dieser Hund als Familienhund automatisch leichter zu führen ist, wäre ein Fehler. Manchmal ist das Gegenteil der Fall.

Windhund ist nicht gleich Windhund

Das ist vielleicht der wichtigste Satz überhaupt. Es ist zunächst nur eine phänotypische Bezeichnung für eine bestimmte Körperform – schlank, langbeinig, auf Geschwindigkeit optimiert. Die Charaktereigenschaften einzelner Windhunderassen sind hingegen sehr verschieden.

Das beginnt bei der Laufleistung, die beim Greyhound als Sprinter zwei Minuten bei höchster Geschwindigkeit gehalten wird, während Galgo und Saluki langsamer, aber ausdauernder sind. Beim Saluki sieht man je nach Herkunftsregion Einzeljäger oder die Jagd in Meuten. Die Galgos werden als Paar auf den Hasen angesetzt, während Barsois zu dritt einen Wolf jagen. Der Azawakh wird in seinem Ursprungsland sogar weniger als Jagdhund als vielmehr als Wachhund eingesetzt. Es gibt also nicht die Windhund-Rasseeigenschaft, sondern die einzelnen Windhunderassen stellen ganz unterschiedliche Forderungen an ihre Halter.

Der Galgo ein Rassist?

Manchmal kann man lesen, der Galgo sei „rassistisch“ gegenüber anderen Hunden. Das ist eine menschliche Sichtweise und hat mit der Genetik der Galgos nichts zu tun. Viele Galgos, die zu uns kommen, sind vorwiegend mit Galgos aufgewachsen. Sie kennen die Kommunikation und Verhaltensweisen anderer Hunderassen schlichtweg nicht. Wenn uns jemand auf Arabisch anspricht und wir kein Arabisch sprechen, stehen wir auch ratlos da. So ähnlich geht es einem Galgo, dem ein Hütehund ständig in der Bewegung einschränkt und ihm damit kommuniziert, dass er sich aus dem sicheren Radius nicht herausbewegen soll. Der Galgo findet diese Verhaltensweise aufdringlich – nicht, weil er den Hütehund ablehnt, sondern weil er diese Kommunikation nicht versteht oder, wenn er Wild sieht und lossprinten will, diese Verhalten in diesem Moment natürlich für falsch hält. Umgekehrt bilden Galgos mit anderen Jagdhunden oft sehr schnell perfekte Jagd-Teams. Ich habe erlebt, wie ein Galgo und ein kleiner Teckel sich in Sekundenschnelle abgesprochen haben:

Du gehst unten durch, ich gehe oben drüber. Dieselbe Leidenschaft, dieselbe Sprache. Wenn Galgos dann im Tierheim mit verschiedenen Rassen zusammengekommen sind, haben sie in der Regel sehr schnell gelernt, dass es unterschiedlich Kommunikationsformen gibt und oft auch Freundschaft mit anderen Rassevertretern geschlossen. Es ist keine Frage der Rasse, sondern der Erfahrungen, die der einzelne Galgo gemacht hat.

Wie mache ich meinen Galgo glücklich?

Galgos sind ausgesprochen strategische Jäger, die zu zweit jagen. Dabei sprechen sie sich mit kurzen Blicken ab, manipulieren die Bewegung des Hasen vorausschauend, um ihn so in die Richtung der Jagdpartner zu treiben. Beim Coursing hinter einem künstlichen Hasen merken sie schnell, dass das Ding sich nicht wie ein echter Hase verhält. Ihre Strategie und vor allem ihre Absprachen funktionieren nicht und das frustriert sie erheblich. Ich habe Galgos gesehen, die mittendrin abgebrochen haben, weil ihr gemeinsames strategisches Spiel ad absurdum geführt wurde. Für andere Windhunderassen mag Coursing gut funktionieren. Für die meisten Galgos ist es oft keine befriedigende Lösung.

Ich bin mit meinen Galgos einen anderen Weg gegangen. Ich fördere die unkontrollierte Hetzjagd nicht. Ich arbeite stattdessen an der Impulskontrolle: Der Reiz darf kommen, aber die Reaktion folgt erst auf mein Signal. Und das kann man sehr gut mit Apportierarbeit aufbauen. Etwa 80 Prozent der Galgos apportieren von sich aus – in Spanien wird das nicht geübt, aber die Jäger freuen sich, wenn der Hund den Hasen bringt. Mein Goya hat beim Spaziergang z.B. meinen Schlüssel gefunden, die Post vom Postboten abgeholt und ins Haus gebracht. Das Gefühl, eine Aufgabe zu haben und sie gut zu erfüllen – das ist für Hunde, die auf Arbeitsleistung gezüchtet werden, enorm wichtig. Besonders schätze ich die Fährtenarbeit, da es eine Jagd in Kooperation mit dem Menschen ist. Diese Hunde haben in Spanien immer einen Jagdpartner – und wenn man ihnen zeigt, dass der Mensch ein fantastischer Jagdpartner sein kann, wächst die Bindung enorm.

Jeden Hund erst wirklich kennenlernen

Nicht jeder Galgo ist gleich. Es gibt Hunde, die im Alltag sehr eng mit einem kooperieren wollen, und andere, die absolute Individualisten sind. Neben den genetischen Eigenschaften sind es eben auch die individuellen Charaktereigenschaften man akzeptieren muss. Ich kann einen Schäferhund nicht zum Renner machen und einen Windhund nicht zum Schafhüter. Ein Eigenbrödler braucht Zeiten ohne Aufmerksamkeit und der Kuschelfan tut sich vielleicht mit dem Alleinsein schwer. Aber man kann immer mehr erreichen, als man denkt – wenn man kommuniziert, Vertrauen aufbaut und die Eigenheiten des Tieres wirklich anerkennt, statt gegen sie zu arbeiten.

Interview mit Dr. Karin Dohrmann

Mini-Steckbrief
FCI-Gruppe: 10;
Ursprungsland: Spanien;
Schulterhöhe: Rüden 62–70 cm, Hündinnen 60–68 cm;
Gewicht: Rüden ca. 25–30 kg, Hündinnen ca. 20–25 kg;
Alter: 12–15 Jahre

GALGO ESPAÑOL

Sanft wie ein Engel, schnell wie ein Torpedo, eigenständig wie ein Geistesverwandter von Meister Lampe. Wer ihn kennt, bleibt ihm treu – wer ihn unterschätzt, hat einen anderen Hund erwartet.

Sprinter, Schläfer, Sensibelchen – was dieser Hund liebt

An einem ruhigen Nachmittag liegt der Galgo auf dem Sofa und schlummert mit der entspannten Würde eines Wesens, das mit sich und der Welt im Reinen ist. In genau diesem Moment schaut draußen ein Eichhörnchen vorbei. Was vorher eine wandelnde Schlabtablette war, ist jetzt ein Torpedo mit Raketenantrieb – und weg.

Das ist der Galgo in seinem Wesen: ein Wesen voller Gegensätze. Innen ruhig, draußen Energie. Anhänglich wie ein Schattenwurf, eigenständig wie ein Windhund es sein muss, um auf der Hasenjagd allein zu entscheiden. Sensibel wie ein Seismograph für menschliche Stimmungen.

Was er liebt: sich frei bewegen. Galoppieren auf gesichertem Gelände, das Funkeln in den Augen bei Rennspielen ist rassetypische Lebensfreude. Coursing – das Rennen nach einer Hasenattrappe – liegt ihm im Blut. Was er ebenfalls liebt: seinen Menschen, die Wärme des Sofas, lange Nickerchen auf erhöhten Plätzen. Er sucht Nähe, er sucht Gemeinschaft, er schläft am liebsten mit Körperkontakt.

Was er nicht mag: laute, turbulente Haushalte,

Stress und Druckgefälle. Er ist sensibel für Stimmungen. Dicke Luft trifft ihn direkt.

Sanft, feinfühlig, eigenständig – Charakter

Der Galgo hat einen bestechend sanften, anschmiegsamen Charakter – das überrascht jeden, der das erste Mal einem Vertreter dieser Rasse begegnet. Er ist kein Kampfhund, kein Revierverteidiger, kein Kläffer. Er ist ein freundlicher, familienbezogener, ruhiger Hund, der in der Regel mit Kindern geduldig umgeht und in Büros und ruhigen öffentlichen Räumen eine ideale diskrete Begleitung ist. Und doch: Beim Training zeigt sich der Freigeist. Stupide Wiederholungen, kleinkarierte Anweisungen, das klassische Sitz-Platz-Fuß-Programm – dafür erwärmt er sich nicht. Bei der Hasenjagd musste er eigenständig handeln, auf Höchstleistung in Millisekunden. Das züchtet man nicht weg.
Er kooperiert – wenn er versteht, warum. Er lässt sich trainieren – wenn die Motivation stimmt. Mit Geduld und richtiger Ansprache kann er sogar Trickdogging, Agility oder Mantrailing entdecken und lieben. Fremden gegenüber ist er zurückhaltend bis wachsam – kein Misstrauen, das in Aggression mündet, sondern die kühle Zurückhaltung eines Wesens, das Menschen erst einschätzt, bevor es sich öffnet.

Aktivitätslevel – Sprinter im Freien, Schläfer im Haus

Das ist die große Überraschung des Galgo: Er ist kein Dauerläufer. Er ist ein Sprinter. Im Haus benötigt er vergleichsweise wenig – er kann ausgedehnte Phasen der Ruhe genießen und dabei vollkommen zufrieden sein. Draußen braucht er regelmäßige Möglichkeit zu echten Sprints auf gesichertem Gelände. Freilauf in freier Natur ist wegen des starken Jagdtriebs und der Eigenständigkeit für

die meisten Galgos nicht möglich. Eingezäunte Freilaufflächen und Windhundeplätze sind in Deutschland glücklicherweise verbreitet. Er hat kein Unterfell und sehr wenig Körperfett – bei schlechtem Wetter braucht er einen Hundemantel, keine Diskussion. Er ist unter seiner dünnen Haut sehr anfällig für Verletzungen. Die Greyhound-Sperre – eine akute, potenziell tödliche Muskelreaktion nach massiver Überanstrengung – kann auch den Galgo treffen und sollte bekannt sein.

Familienhund mit Jagdinstinkt – Sozialverhalten

Mit seiner Familie ist der Galgo außergewöhnlich eng verbunden. Er möchte seinen Menschen immer in der Nähe wissen, bevorzugt einen geregelten Tagesablauf und leidet bei häufigem Alleinsein. Er ist ein Hund, der am besten in der Gemeinschaft aufblüht. Mit anderen Hunden ist er in der Regel gut verträglich – solange die Spieldynamik bei Rennspielen nicht zu hoch eskaliert, was bei Windhunden zu Stimmungsumschwüngen führen kann. Kleine Hunde, die sich ähnlich bewegen wie Beute, können im Galopp-Modus sein Jagdverhalten auslösen – das muss individuell eingeschätzt werden.
Viele Galgos kommen aus dem spanischen Tierschutz und haben Vorgeschichten, die Geduld und Verständnis brauchen. Negative Erlebnisse setzen sich tief im Gedächtnis fest. In einer ruhigen, verständnisvollen Umgebung fasst er aber meist wieder Vertrauen.

Was du mit ihm erleben kannst

Der Galgo ist kein Allrounder-Sporthund – er ist ein Sprinter, der gezielte Bewegungsangebote braucht. Coursing, Windhunderennen (nur in Deutschland zur artgerechten Auslastung), gesicherte Freilaufflächen: das ist sein natürliches Element.

Jogging, Radfahren und Pferdbegleitung in gemäßigtem Tempo sind möglich. Für ausdauernde Sportarten ist er weniger geeignet. Dummytraining, Mantrailing, Agility – mit der richtigen Motivation lässt sich mancher Galgo für Hundesport begeistern; andere bleiben entspannte Sofas. Als Bürobegleiter, diskreter Citydog, stiller Gesellschafter in ruhigen öffentlichen Räumen ist er ausgezeichnet. Als Begleithund für entspannte Spaziergänge, als sensibler Familienfreund – er gibt viel zurück, wenn man ihm das richtige Umfeld bietet.

Genau dein Typ? – Für wen der Galgo passt

Der Galgo passt zu ruhigen, verständnisvollen Menschen, die einen eigenständigen, feinfühligen Hund schätzen. Er passt zu Menschen, die Windhunderennen und Coursing mögen, oder zu solchen, die einfach einen angenehmen, eleganten Begleiter suchen – solange gesicherter Freilauf möglich ist.

Er passt zu Tierschutz-affinen Menschen, die bereit sind, einem Hund mit Vorgeschichte Geduld und Zeit zu geben. Er passt zu ruhigen Haushalten, zu Paaren, zu Menschen ohne kleine Kinder oder hyperaktive andere Haustiere.

Er passt nicht zu aktiven Sporttreibenden, die täglich stundenlanges Programm brauchen. Nicht zu turbulenten Haushalten. Nicht zu Menschen ohne die Möglichkeit, eingezäuntes Freilaufgelände zu nutzen.

Wer aber bereit ist, ihm sein Sofa zu überlassen und gelegentlich staunend zusieht, wie die wandelnde Schlaftablette zum Torpedo wird – der bekommt in ihm einen grazilen Begleiter voller Gegensätze, der ihn nie langweilt.

Aktivitätstyp: C / Charaktertyp: C-D

Steckbrief und Geschichte

Mini-Steckbrief
FCI-Gruppe: 10;
Ursprungsland: Mittlerer Osten (FCI-Patronat);
Schulterhöhe: Rüden 58–71 cm, Hündinnen proportional kleiner;
Gewicht: Rüden ca. 18–25 kg, Hündinnen ca. 20 kg;
Alter: 12–14 Jahre

SALUKI

Ein eleganter Sichtjäger aus einer anderen Zeit – so schnell wie der Wind, so sanft wie ein Hauch.

Der Sprinter mit Standby-Modus – was dieser Hund liebt und braucht

Wenn ein Saluki rennt, versteht man sofort, warum er seit Jahrtausenden als Kulturgut gilt. Die Bewegung wirkt wie Choreografie – leicht, mühelos, rasend schnell. Auf langen Strecken erreicht er bis zu 68–70 km/h und gilt damit nach dem Greyhound als schnellste Hunderasse der Welt. Das ist kein Zufall, sondern das Ergebnis von Tausenden Jahren gezielter Selektion auf Ausdauer, Tempo und Scharfsicht. Was dieser Hund liebt, ist eindeutig: rennen, rasen, dem Horizont entgegenfliegen. Coursing – das Hetzen nach einem künstlichen Hasen – ist für viele Salukis die reinste Form von Freude. Dort blühen sie so auf, wie sie es bei keiner anderen Aktivität tun. Auch Windhunderennen auf der Bahn sind eine natürliche Bühne für ihre Fähigkeiten. Reitbegleitung ist eine weitere Disziplin, für die der Saluki wie gemacht scheint: Er hält jedes Galopptempo mit, läuft neben dem Pferd, ohne aus dem Tritt zu geraten – eine Fähigkeit, die schon die Beduinen zu schätzen wussten, die ihre Hunde auf dem Sattel zur Jagd trugen, damit sie ausgeruht ankamen. Weniger begeistert ist er von erzwungener Monotonie, von stumpfer Gehorsamkeitsdrillerei ohne Sinn oder von Situationen, in denen sein Jagdinstinkt künstlich unterdrückt werden soll. Er ist kein Hund, der nach einem Befehls-Echo sucht. Wer das versteht, hat schon viel gewonnen. Drinnen ist der Saluki überraschend unkompliziert: ruhig, entspannt, sofa-affin.

Würde trifft Wildheit – Charakter

Der Saluki ist kein Hund, der ständig darauf wartet, dem Menschen zu gefallen. Das unterscheidet ihn fundamental von vielen anderen Rassen. Was der FCI-Standard als „reserviert gegenüber Fremden, jedoch nicht scheu oder aggressiv“ beschreibt, ist in der Praxis eine Art vornehme Zurückhaltung – eine Haltung, die eher an einen feinen Aristokraten erinnert als an einen devoten Gesellschaftshund. Züchtungsbedingt ist vor allem eines tief verankert: der Jagdtrieb. Salukis sind Sichtjäger – es ist die Bewegung am Horizont, die das Programm startet. Setzt sich etwas in Bewegung, kann in Sekundenbruchteilen ein Zustand eintreten, der für Außenstehende wie Kontrollverlust aussieht, es für den Hund aber nicht ist. Es ist einfach das, wofür er gemacht wurde. Sein Jagdtrieb lässt sich nicht völlig abtrainieren. Er gehört zum Saluki wie seine elegante Erscheinung. Was möglich ist: damit umgehen lernen, konsequent managen, ihm kontrollierte Möglichkeiten zum Ausleben geben. Wer das akzeptiert, entdeckt dahinter einen Hund, der seiner Bezugsperson gegenüber sehr anhänglich, sensibel und aufmerksam ist. Innerhalb der Familie sucht sich der Saluki seine engste Bezugsperson selbst aus – ganz ohne Abstimmung mit den Zweibeinern. Diese Selbstbestimmtheit zieht sich durch viele Bereiche: Er ist intelligent, aber nicht gefällig. Trainierbar, aber nicht unbegrenzt formbar. Das macht ihn für Menschen, die Dominanz über den Hund anstreben, zum falschen Partner – und für Menschen, die auf Augenhöhe arbeiten wollen, zum außergewöhnlich erfüllenden Begleiter. Was oft vergessen wird: In seiner Geschichte war der Saluki auch Wachhund. Die Nomadenstämme schätzten ihn nicht nur als Jäger, sondern auch als Beschützer von Hab und Gut. Diese Eigenschaft zeigt sich gelegentlich auch heute noch – besonders bei den sogenannten Desert Breds, also den in ihrer Heimat gezüchteten Salukis, die vom Wesen her ursprünglicher geblieben sind.

Aktivitätslevel – zwischen Vollgas und Entspannungsmodus

Der Saluki ist kein Dauermotor. Wer einen Hund sucht, der zehn Stunden am Tag beschäftigt werden möchte, liegt hier falsch. Der Saluki funktioniert eher nach dem Prinzip der Intervallbelastung: intensive Sprints, voller Einsatz in kurzen oder mittleren Phasen, dann echte Erholung. Täglich braucht er Bewegungsangebote, die ihm erlauben, sich wirklich auszupowern. Ein normaler Spaziergang an der Leine reicht nicht. Entscheidend ist die Möglichkeit, auf einem sicher eingezäunten Gelände wirklich loszurennen – ohne Leine, ohne Grenze, mit vollem Speed. Wer keinen Zugang zu solchen Flächen hat, muss diese Möglichkeit aktiv organisieren. Auf langen Strecken legt er problemlos 20 km täglich zurück, sofern die Belastung seinem Naturell entspricht. Wer dagegen glaubt, ein langer Spaziergang in der Natur ersetze das echte Rennen, irrt: Ein Saluki ohne Möglichkeit zum freien Sprint entwickelt sich, laut Literatur, zu einem

Hund mit ausgeprägtem Frustrationspotenzial – bis hin zu Trennungsängsten, Vokalisierung oder Destruktivität. Der Unterschied zwischen einem gut ausgelasteten und einem unterforderten Saluki ist beachtlich.
Als Reitbegleithund ist er für viele Halter die ideale Lösung: Er hält das Tempo von Schritt bis Galopp mit, kann freilaufen – vorausgesetzt, das Revier ist wildarm genug – und erfüllt dabei gleichzeitig ein soziales und körperliches Bedürfnis.

Anpassungsfähig und rennbegeistert – Charakter

Der Saluki kommt mit anderen Hunden in der Regel gut aus – besonders mit Artgenossen, mit denen er seine Rennleidenschaft teilen kann. Ein zweiter Saluki gilt unter Kennern als idealer Partner, weil Rennspiele die natürlichste Gemeinschaftsform dieser Hunde sind. Aber auch mit Hunden anderer Rassen funktioniert es häufig gut, selbst mit sehr lebhaften Vertretern.
Kleintiere sind eine andere Sache. Katzen, Kaninchen oder ähnliche Tiere, die potenziell als Jagdwild interpretiert werden könnten, stellen ein echtes Risiko dar. In manchen Fällen funktioniert das Zusammenleben, wenn das Tier von Welpenalter an mit den Kleintieren aufwächst – aber das ist keine Garantie, und der Jagdinstinkt kann auch nach Jahren plötzlich aktiv werden.
Menschen gegenüber ist der Saluki freundlich, aber nicht aufdringlich. Fremde gegenüber bleibt er typischerweise reserviert – er lässt nicht jeden an sich heran, und ob er sich streicheln lässt, entscheidet er selbst. Das wird manchmal als Kälte missverstanden, ist aber vielmehr Würde. Mit vertrauten Menschen, vor allem seiner engsten Bezugsperson, ist er ausgesprochen anhänglich, verschmust und feinfühlig.
Im Alltag zeigt er sich erstaunlich anpassungsfähig. Weihnachtsmarkt, Restaurant, Schule – Salukis, die frühzeitig und breit sozialisiert wurden, begleiten ihre Menschen in nahezu jeden Kontext, ohne zu stressen oder selbst damit nicht zurechtzukommen. Voraussetzung: es gibt auch Rückzugsmöglichkeiten.

Was du mit ihm erleben kannst

Wer einen Saluki hält, braucht vor allem eines: Zugang zu sicheren (eingezäunten) Flächen, auf denen der Hund wirklich frei laufen kann. Das ist keine Option, sondern Grundvoraussetzung für ein ausgeglichenes Leben mit dieser Rasse.
Darüber hinaus öffnet sich eine ganze Welt von Möglichkeiten. Coursing ist die Königsdisziplin – das Hetzen nach einem künstlichen Hasen auf offenem Gelände, das dem natürlichen Jagdverhalten am nächsten kommt. Alle großen Rennsportverbände bieten Coursing-Veranstaltungen an, die Hunde können dabei klar zwischen sportlichem Einsatz und echtem Jagdverhalten unterscheiden: Das Jagdverhalten bleibt kontrollierbar. Reitbegleitung gehört zu den Aktivitäten, für die der Saluki wie geschaffen wirkt. Er läuft neben dem Pferd, hält jedes Tempo, und die Kombination aus Bewegung, frischer Luft und gemeinsamem Rhythmus trifft den Kern seines Wesens.
Darüber hinaus sind viele Salukis erstaunlich vielseitig: Agility ist möglich und einige Vertreter erwärmen sich durchaus dafür, auch wenn Coursing ihre klare erste Wahl bleibt. Hundefrisbee, freies Spielen mit einem zweiten Hund, ausgedehnte Wanderungen mit der Möglichkeit zur freien Bewegung – all das sind wertvolle Ergänzungen. Mantrailing, Coursing, Rennen, freies Schwimmen in sicherer Umgebung, Tricktraining als mentale Ergänzung, Rennspiele mit Artgenossen: Je abwechslungsreicher das Angebot, desto zufriedener der Hund.
Was weniger gut passt: stundenlanges Apportiertraining, monotone Gehorsamkeitsübungen ohne Kontext, Sportarten, die auf Unterordnung und präzise Befehlsausführung

setzen. Der Saluki bringt Intelligenz und Lernwillen mit – aber er braucht ein Warum.

Genau dein Typ? – Für wen der Saluki wirklich passt

Der Saluki ist einer jener Hunde, bei denen es sich lohnt, ehrlich zu sein – mit sich selbst, bevor man eine Entscheidung trifft.
Er passt zu dir, wenn du Freude an einem Hund hast, der eine echte Persönlichkeit mitbringt und keine Kopie deiner Erwartungen ist. Wenn du Zugang zu sicher eingezäunten Geländen hast oder aktiv bereit bist, diesen zu organisieren. Wenn du Rennsport oder Reitbegleitung nicht nur tolerierst, sondern selbst begeistert mitgehst. Wenn du ein feinfühliger Mensch bist, der keine Machtdemonstration braucht, sondern Beziehung.
Er passt zu Familien, sofern Kinder mit dem Hund aufwachsen und gelernt haben, seine Grenzen zu respektieren. Er passt zu erfahrenen Hundehaltern, die wissen, dass Erziehung nicht Gehorsam auf Kommando bedeutet, sondern ein gutes Miteinander. Er passt zu Reitern, zu Outdoor-Menschen, zu allen, die Schönheit und Eigenständigkeit in einem Lebewesen schätzen können.
Er passt nicht zu dir, wenn du dir einen Hund wünschst, der auf Abruf funktioniert. Nicht, wenn du keinen gesicherten Freilauf bieten kannst. Nicht, wenn Kleintiere im Haushalt leben und du auf eine reibungslose Integration hoffst. Nicht, wenn du in einem waldreichen, wildreichen Revier lebst und den Hund trotzdem frei laufen lassen möchtest – das wäre weder fair noch sicher.
Wer aber bereit ist, sich auf diesen Hund einzulassen – auf sein Tempo, seine Würde, seine selektive Zuneigung und seinen tiefverwurzelten Jagdinstinkt –, der bekommt einen Begleiter, den man nicht so schnell wieder vergisst. Einen, der Tausende Jahre überdauert hat, weil er in seiner Natur einfach stimmig ist. Einen echten Sohn der Wüste.

Aktivitätstyp: B-C / Charaktertyp: A-B

Steckbrief und Geschichte

Mini-Steckbrief
FCI-Gruppe: 10 (noch nicht anerkannt, nur national vom VDH);
Ursprungsland: USA;
Schulterhöhe: Rüden 47–55 cm, Hündinnen 44–53 cm;
Gewicht: 10–20 kg;
Alter: 12–15 Jahre

SILKEN WINDSPRITE

Seidiges Fell, die Silhouette eines Windhundes, das Temperament eines Familienhundes und eine Geschichte voller ungeklärter Fragen – der Silken Windsprite ist der Familienmensch unter den Windhunden.

Sprinter mit Sofaanschluss – was dieser Hund liebt

Im Haus fällt er kaum auf. Er kuschelt, döst auf weichen Kissen, sucht erhöhte Liegeplätze und schmiedet sich so eng an seinen Menschen, wie es möglich ist. Wer ihn das erste Mal begegnet, hält ihn für ein entspanntes, genügsames Wesen – bis die erste gesicherte Wiese das Gegenteil beweist. Dann verwandelt sich der Sofakünstler in einen Windhund im besten Sinne: blitzschnell, wendig, voll Lebensfreude.
Was er liebt: laufen, toben, rennen – am liebsten mit Artgenossen oder anderen Hunden auf eingezäuntem Gelände, wo er sich voll austoben kann. Coursing und Windhunderennen liegen in seiner Natur. Was ihn aber von vielen anderen Windhunden unterscheidet: Er kehrt zurück. Seine Menschenbindung ist ungewöhnlich stark für einen Sichtjäger. Er will nicht weglaufen – er will laufen und dann zurückkommen, zu seinem Menschen. Er liebt Bewegung in der Natur, Wanderungen, Jogging-Begleitung, Ausritte – seine praktische Größe und sein leichtes Fell ma-

chen ihn zum angenehmen Allwetter-Begleiter. Im Gegensatz zu vielen anderen Windhunden ist er als ausgesprochen lernbegieriger Allrounder bekannt, der sich für ein breites Aktivitätsspektrum begeistern lässt.

Seidig, sensibel, menschenbezogen – Charakter

Der Name verrät es schon: Seidiger Windkobold. Das ist keine Beschreibung der Optik allein, sondern ein Hinweis auf Temperament. Der Silken Windsprite besitzt ein fröhliches und heiteres, dabei nie überdrehtes Wesen. Im Haus verhält er sich ruhig und entspannt. Fremden gegenüber ist er reserviert und zurückhaltend – nicht ängstlich, nicht aggressiv, sondern distanziert und beobachtend. Diese Eigenschaft ist rassetypisch und unterscheidet ihn klar vom Whippet, der offener auf Fremde zugeht. Kenner schreiben ihm ein fast katzenhaftes Wesen zu, mit einer großen Eigenständigkeit, die gelegentlich in Sturheit übergehen kann. Das ist die andere Seite seiner Sensibilität. Druck und Härte in der Erziehung sind kontraproduktiv – er reagiert darauf mit Rückzug oder Verweigerung. Mit positiver Verstärkung, Geduld und ruhiger Konsequenz hingegen lernt er schnell, ist gut abrufbar und alltagstauglich. Er ist kein Wachhund, kein Territorialverteidiger. Er ist ein Begleiter in des Wortes umfassendster Bedeutung – immer dabei, immer aufmerksam, feinfühlig für Stimmungen, treu und anhänglich.

Aktivitätslevel – ausgewogen, mit echter Sprintkomponente

Täglich etwa 60 bis 90 Minuten Bewegung zuzüglich regelmäßiger Gelegenheit zu echten Sprints beschreiben seinen realistischen Bedarf. Das ist mehr als ein Spaziergang, aber kein Hochleistungs-Sportprogramm. Er braucht das tägliche Erlebnis echter Bewegungsfreiheit – ein eingezäunter Garten oder zugängliche Freilaufflächen sind daher keine Kür, sondern Grundvoraussetzung. Im Haus ist er genügsam und ruhig, sofern sein Bewegungsbedarf gedeckt ist. Er schläft gern viel, bevorzugt erhöhte, weiche Liegeplätze und passt sich dem Familienrhythmus an. Zwingerhaltung ist für diese menschenbezogene Rasse keine geeignete Option. Er braucht Familienanschluss, Körperkontakt und tägliche Kommunikation. Das Fell ist sein größter Pflegevorteil: wöchentliches Bürsten genügt in der Regel. Da er keine Unterwolle hat, ist er im nassen Zustand relativ geruchsneutral und trocknet schnell. Bei Kälte und Nässe braucht er Schutz durch einen Hundemantel – das wenige Körperfett, das alle Windhunde kennzeichnet, macht ihn kälteempfindlich.

Familienfreund mit Sichtjäger-Anteil – Sozialverhalten

Der Silken Windsprite gilt als ausgesprochen friedlicher Hund mit freundlichem, ausgeglichenem Wesen, der so gut wie keine

Aggressivität kennt. Mit Kindern geht er sensibel und vorsichtig um – er ist kein ruppiger Spielkamerad, aber ein geduldig-zugewandter Begleiter, der eigene Grenzen freundlich, aber klar kommuniziert. Als Therapiehund und in der tiergestützten Arbeit ist er gut geeignet. Mit anderen Hunden ist er verträglich, besonders mit Artgenossen, mit denen er das Rennen liebt. Grobe, übergriffige Hunde mag er ebenso wenig wie laute, aufdringliche Menschen. Er sucht die ruhige Seite des Miteinanders.

Sein Jagdtrieb ist vorhanden – als Sichtjäger reagiert er auf Bewegungsreize schnell und kann in Sekundenbruchteilen in Verfolgung übergehen. Im Vergleich zu vielen anderen Windhunderassen ist er jedoch deutlich besser abrufbar, was auf seine ausgeprägte Menschenbindung zurückzuführen ist. Mit konsequentem Rückruftraining von Welpenbeinen an ist Freilauf in geeignetem Gelände realistisch möglich.

Was du mit ihm erleben kannst

Der Silken Windsprite ist ein echter Allrounder unter den Windhunden. Coursing und Windhunderennen sind seine natürlichsten Betätigungsfelder und werden in Deutschland zur artgerechten Auslastung genutzt. Auf gesicherten Freilaufflächen kann er sich vollständig austoben und zeigt dabei die rassetypische Eleganz im Sprint. Wanderungen, Jogging-Begleitung, Reiten – er passt sich sportlichen Aktivitäten gut an, solange keine Extrembelastungen oder Dauerläufe über sehr lange Distanzen erwartet werden. Im Agility zeigt er Geschick und Freude; Tricktraining und Nasenarbeit sprechen seinen kooperativen, lernfreudigen Charakter an. Als Familienhund und Therapiehund ist er gut geeignet: kein aggressives Verhalten, sensibles Zugehen auf Menschen, kein übertriebenes Bellen, ruhig im Haus. Fellpflege ist entspannt: wöchentliches Bürsten, nach Geländeeinsatz sorgfältig auf Grannen und Kletten absuchen.

Genau dein Typ? – Für wen der Silken Windsprite passt

Der Silken Windsprite passt zu aktiven, naturverbundenen Menschen, die einen eleganten, treuen Begleiter suchen – und bereit sind, täglich echten Freilauf auf gesichertem Gelände zu ermöglichen. Er passt zu Familien, die einen sanften, kinderverträglichen Hund suchen. Er passt zu Windhundbegeisterten, die etwas Seltenes und gleichzeitig alltagstauglicheres suchen als manche ihrer Artgenossen. Er passt auch zu Menschen ohne ausgeprägten Hundesport-Ehrgeiz – sein Entspannungspotenzial im Haus ist real und geschätzt. Er passt zu Reitern und Wanderern, zu ländlichen und halbstädtischen Umgebungen mit Grünflächenzugang.

Er passt nicht zu Menschen ohne gesicherten Freilauf. Nicht zu Wohnungen ohne tägliche

Auslaufoption. Nicht zu Menschen, die einen Wachhund suchen oder einen Hund, der bei Fremden sofort offen und zudringlich ist.
Wer aber einen Hund sucht, der mit seidiger Eleganz und echter Treue durchs Leben gleitet – der das Sofa liebt und die Wiese noch mehr – der findet im Silken Windsprite einen der charmantesten, seltensten und am meisten unterschätzten Windhunde, die es gibt.

Aktivitätstyp: C / Charaktertyp: C-D

Steckbrief und Geschichte

WHIPPET

Von Natur aus graziös, katzenhaft anschmiegsam und mit einer gesunden Portion Schlitzohrigkeit – das Sandwich-Kind der Windhunde-Familie ist der beliebteste Vertreter hier. Und das aus gutem Grund.

Sprinter, Sofakünstler, Schnapphund – was dieser Hund liebt

Wenn ein Whippet von der Couch springt, ein Soufflé Volte dreht, einen anderen Hund überrundet und danach so entspannt im Gras liegt, als wäre nichts gewesen – dann versteht man, warum man ihm das Sofa nicht mehr zurückbekommt. Dieses Tier hat keine Mittelstellung: entweder volle Energie oder vollständige Entspannung. Zwischen diesen Polen wechselt er nach Belieben.
Was er liebt: laufen. Nicht ausdauernd wie ein Husky, sondern explosiv wie eine Formel-1-Runde. Kurze, intensive Sprints, Wendungen in Höchstgeschwindigkeit, das Gefühl des Winds im Fell. Coursing und Windhunderennen liegen ihm im Blut. Was er ebenfalls liebt: sein Sofa, seine Menschen, Wärme, weiche Kissen und möglichst viel Körperkontakt.
Er ist für erstaunlich viele Hundesportarten zu begeistern – Agility, Flyball, Tricktraining, Joggen, Reitebegleitung. Seine Terriervorfahren haben ihm neben der Windhundeleganz auch eine Bodenständigkeit und eine Trainierbarkeit mitgegeben, die andere Windhunde nicht immer zeigen.
Was er nicht liebt: Regen, Schnee, Eis. Willkürlich. Konsequent. Undiskutierbar.

Mini-Steckbrief

FCI-Gruppe: 10
Ursprungsland: Großbritannien;
Schulterhöhe: Rüden 47–51 cm, Hündinnen 44–47 cm;
Gewicht: 12–18 kg;
Alter: 12–15 Jahre

Pragmatisch, sensibel, unprätentiös – Charakter

Lucian Freud – der bedeutendste britische Maler seiner Zeit, Enkel von Sigmund Freud – hielt mehrere Whippets und brachte sie immer wieder auf die Leinwand. Über seine eigenen Hunde Pluto und Eli sagte er einmal, er sei beeindruckt davon, wie wenig arrogant diese Hunde seien, wie gern sie gefallen wollten und welch tierischen Sinn für Pragmatismus sie hätten. Das ist eine präzise Charakterbeschreibung. Der Whippet hat Will-to-please ohne Unterwürfigkeit. Er gefällt – aber auf seine Weise. Er hört gut, entscheidet aber eigenständig, wann Kommandos tatsächlich seine Aufmerksamkeit verdienen. Das ist kein Trotz, das ist Windhund-Pragmatismus: Er war nie dafür gebaut, blind zu gehorchen, sondern dafür, eigenständig auf Hochgeschwindigkeit zu reagieren. Er ist sensibel – manche Exemplare stark sensibel – und reagiert auf Druck, Strenge und Unberechenbarkeit empfindlich. Feinfühlige, konsequente Ansprache liegt ihm. Er spiegelt die Stimmung seines Umfelds. Und er ist unerschrocken, robust, nicht nachtragend. Der kleine Wilddieb von einst hat kein Elitebewusstsein. Er ist ein Hund fürs echte Leben.

Aktivitätslevel – moderat bis hoch, qualitätsorientiert

Der Whippet braucht täglich Bewegung – mindestens einmal wirklichen Freilauf zum

Galoppieren. Im Haus dagegen ist er erstaunlich ruhig; bei ausreichender Auslastung fällt er kaum auf. Sein Energiehaushalt ist gut kalibriert: Energie raus, Energie weg. Kälteschutz ist Pflicht: Das kurze Fell ohne Unterwolle bietet wenig Isolation. Ein guter Hundemantel ist kein Luxus, sondern Ausrüstung. Ebenso regelmäßige Krallenpflege – bei schnellen Hunden wachsen die Krallen weniger ab und müssen aktiv kontrolliert werden. Das Fell ist im Pflegeaufwand unkompliziert: gelegentlich abreiben, das war's.

Gesellig, freundlich, mit jagdlichem Schuss – Sozialverhalten

Mit seiner Familie und vertrauten Menschen ist der Whippet herzlich, anhänglich und von einer entspannten Fröhlichkeit, die ihn zum angenehmen Alltagsbegleiter macht. Fremden gegenüber ist er neutral bis interessiert – er ist kein Wachhund, er bellt selten. Mit anderen Hunden ist er in der Regel verträglich. Besonders mit Artgenossen – und wenn kein Artgenosse vorhanden, mit Katzen. Sein Jagdtrieb kann bei kleinen, sich schnell bewegenden Tieren aktiviert werden; das ist individuell unterschiedlich ausgeprägt. Als Citydog ist er ausgezeichnet: handliches Format, ruhig im Haus, angenehm in der Öffentlichkeit. Als Reisebegleiter, Café-Gast, Büropartner – er integriert sich elegant.

Was du mit ihm erleben kannst

Der Whippet ist der vielseitigste Windhund im Hundesport. Agility liegt ihm wegen seiner Wendigkeit und Geschwindigkeit. Flyball, Tricktraining, Joggen, Reitebegleitung – er ist für viele Aktivitäten zu begeistern, solange die Motivation stimmt. Coursing und Windhunderennen sind seine natürlichsten Beschäftigungen und werden in Deutschland ausschließlich zur artgerechten Auslastung durchgeführt. Eingezäunte Freilaufflächen sind ideales Gelände.

Als Citydog, Reisebegleiter, Café- und Büropartner ist er hervorragend geeignet. Er lässt sich kompakt zusammenrollen, macht im Haus kaum Geräusche und ist in der Öffentlichkeit ein eleganter, ruhiger Begleiter.

Genau dein Typ? – Für wen der Whippet passt

Der Whippet passt zu Menschen, die einen eleganten, angenehmen Alltagsbegleiter mit echtem Charakter suchen. Er passt zu Stadtmenschen und Landmenschen. Er passt zu Aktiven und zu Menschen mit gemäßigtem Aktivitätslevel – solange täglich echter Freilauf möglich ist.
Er passt zu Familien, zu Paaren, zu Alleinlebenden. Er passt zu Menschen, die ein Tier möchten, das sich elegant ins Leben fügt, ohne Kompromisslosigkeit in der Auslastung zu fordern.
Er passt nicht zu Menschen, die auf Regen bestehen, bei dem der Hund klaglos ins Nasse marschiert. Nicht zu jemandem, der bedingungslosen Gehorsam erwartet. Und nicht zu Menschen mit perfekter, unberührbarer Couch. Wer aber bereit ist, das Sofa zu teilen – und mit einem englischen Sprichwort zu leben: Get a whippet, lose a sofa – der bekommt einen Hund, der ihn mit Pragmatismus, Charme und Eleganz ein Leben lang begleitet.

Aktivitätstyp: C / Charaktertyp: C-D

Steckbrief und Geschichte

Außerdem:
Portrait Afghane, Deerhound & Irish Wolfhound

6. HYBRID- & SPEZIALRASSEN – ZWISCHEN TREND & TALENT

Smart, lebendig und ein bisschen exotisch

Von menschenfreundlich bis exklusiv, für Menschen, die aufgeschlossen sind.

Labradoodle, Cockapoo oder Kokoni – manche dieser Namen klingen nach Trendprodukt, manche nach Familientradition, manche nach beidem. In diesem Kapitel tummeln sich Hunde, die nicht in das klassische Rasseraster passen – bewusst gezüchtet, zufällig entstanden oder schlicht zu eigensinnig für eine Schublade. Was sie eint: Man braucht Offenheit, um sie wirklich zu verstehen. Wer sich nicht an einem Stammbaum festbeißt, sondern den Hund vor sich sieht, findet hier manche der spannendsten Persönlichkeiten. Zwei Exotenrassen, die oft durch den Tierschutz zu uns kommen, findest du online.

AUSSIEDOODLE

Zwei der klügsten Hunderassen in einer Kreuzung – was klingt wie ein Traumhund, ist in der Praxis ein Hochleistungshund, der in unerfahrener Hand die Haltenden schnell in die Knie zwingt.

Was steckt in einem Aussiedoodle? – Vorbemerkung

Der Aussiedoodle ist eine Kreuzung aus reinrassigem Australian Shepherd und reinrassigem Pudel – in der Regel einem Groß-, Klein- oder Zwergpudel. Kein FCI-Standard, kein VDH-Zuchtverband, kein Bezeichnungsschutz. Wie bei allen Hybridhunden gilt: Das Ergebnis hängt vollständig von den Elterntieren und der Ernsthaftigkeit der züchtenden Person ab. Was den Aussiedoodle von anderen Doodles unterscheidet, ist das Ausgangsmaterial auf der Aussie-Seite. Der Australian Shepherd ist einer der anspruchsvollsten Familienhunde überhaupt: hochintelligent, mit starkem Arbeitstrieb, ausgeprägtem Hüteinstinkt und einem Energielevel, das viele Halter unterschätzen. Mit dem ebenfalls hochintelligenten Pudel gekreuzt, entsteht im besten Fall ein außergewöhnlicher Arbeits- und Sportpartner. Im schlechtesten Fall ein sehr kluger Hund, der für seine Halterin oder seinen Halter entscheidet, was als nächstes passiert.

Charakter – klug, kooperativ, mit echter Herausforderung

Wenn die Gene gut liegen, ist der Aussiedoodle ein beeindruckender Hund: lernfreudig, aufmerksam, eng auf seinen Menschen fokussiert, ausdauernd und vielseitig einsetzbar. Beide Elternrassen gehören zu den intelligentesten Hunden überhaupt – das

Mini-Steckbrief

Aussiedoodle (auch: Aussiepoo, Aussiepoodle);
Status: Kein FCI-, AKC- oder VDH-anerkannter Rassestandard; keine internationalen Zuchtverbände
Ursprung: USA und Kanada, ab den 1990er-Jahren

zeigt sich im Aussiedoodle in einer Fähigkeit, sehr schnell sehr viel zu begreifen. Dieser Hund begreift auch, wenn seine Halterin oder sein Halter inkonsequent oder unsicher ist. Und dann füllt er die Lücke. Ein Aussiedoodle, der nicht ausgelastet ist oder dem die Anleitung und Leitung fehlt, entwickelt eigene Beschäftigungen, Hütetendenzen und Verhaltensprobleme, die anstrengend werden können. Vom Australian Shepherd kann er den Hüteinstinkt erben – was bedeutet, dass er Kinder, Radfahrer oder andere Hunde zu „hüten" versucht. Das muss früh und konsequent abgebaut werden. Vom Pudel kann ein Jagdtrieb kommen, der im Freilauf Probleme bereitet. Von beiden Elternteilen kommt eine gewisse Zurückhaltung gegenüber Fremden. Wer das weiß und damit umzugehen weiß, bekommt einen treuen, hochentwickelten Begleiter.

Aktivitätslevel – Hochleistungshund, keine Ausnahmen

Das ist der kritischste Punkt beim Aussiedoodle, den Interessenten am häufigsten unterschätzen. Dieser Hund braucht täglich genügend körperliche und mentale Auslastung. Ein Spaziergang ist für ihn, was ein Glas Wasser für einen Marathonläufer nach dem Rennen ist: gut gemeint, bei weitem nicht genug. Agility, Herding (Schafhüten), Obedience, Fährtenarbeit, Nasenarbeit, Mantrailing, Canicross, Treibball – er ist für nahezu jeden anspruchsvollen Hundesport geeignet und bringt die Motivation dafür aus sich heraus mit. Was er nicht gut kann: nichts tun. Ein unterbeschäftigter Aussiedoodle wird kreativ, und kreativ bedeutet selten etwas, das Haltende erfreut. Du kannst es ihm jedoch in Maßen beibringen – solange er weiss, es gibt auch andere Zeiten. Mini- und Toy-Aussiedoodles (Kreuzung mit sehr kleinem Pudel) sind eine kritisch zu betrachtende Variante: Die Verpaarung eines mittelgro-ßen Australian Shepherds mit einem Toypudel birgt gesundheitliche Risiken, und die kleinsten Vertreter zeigen zunehmend Probleme, die auf die ungleiche Kreuzung zurückgehen.

Besonderheit: Das Fell – ein Feld voller Überraschungen

Das Fell des Aussiedoodles ist eines der variabelsten unter allen Doodles. Es kann glatt sein (Aussie-dominant), leicht wellig, stark gelockt (Pudel-dominant) – und die Farbe kann sich im ersten Lebensjahr noch mehrfach verändern. Schwarze Hunde werden grauer, Braun hellt auf, Merle-Muster erscheinen oder verschwinden. Wer sicher wissen möchte, wie sein Aussiedoodle als Erwachsener aussehen wird, sollte die Eltern und Großeltern kennen. Das Merle-Muster ist oft besonders begehrt – es birgt jedoch ein Risiko: Zwei Merle-Hunde sollten nicht miteinander verpaart werden, da dies bei den Welpen zu schweren gesundheitlichen Problemen führen kann (Blindheit, Taubheit). Wer einen Merle-Aussiedoodle möchte, sollte prüfen, ob nur ein Elternteil Merle trägt. Das Fell haart wenig bis kaum – gelöste Haare bleiben im Fell. Regelmäßiges Bürsten und Friseurbesuche sind notwendig. Ohren regelmäßig kontrollieren: Schlappohren sind anfälliger für Entzündungen.

Was du mit ihm erleben kannst

Agility, Herding, Obedience, Rally Obedience, Treibball, Mantrailing, Fährtenarbeit, Nasenarbeit, Flyball, Canicross, Schwimmen, Therapiehundearbeit, Blindenführhund-Ausbildung – der Aussiedoodle ist einer der vielseitigsten Hybridhunde überhaupt. Er ist offen für nahezu jede Sportart und bringt echte Arbeitsfreude mit. Was er nicht verträgt: Unterforderung, Inkonsequenz und mangelnde Beschäftigung.

Genau dein Typ? – Für wen der Aussiedoodle passt

Der Aussiedoodle passt zu aktiven, erfahrenen

Hundehalterinnen und Hundehaltern, die einen anspruchsvollen Hund wollen und die Zeit und Bereitschaft mitbringen, diesen Anspruch täglich zu erfüllen. Er passt zu Sporttreibenden, Hundesport-Enthusiasten und Menschen, die einen echten Arbeitspartner suchen.
Er passt nicht zu dir, wenn du wenig Zeit hast oder einen ruhigen, pflegeleichten Alltagshund suchst. Nicht, wenn du Ersthalter bist und keinerlei Erfahrung mit anspruchsvollen Hunden hast. Nicht, wenn du in einer kleinen Wohnung ohne ausreichend Auslauf lebst. Und definitiv nicht, wenn du ihn kaufst, ohne MDR1-Status und HD/PRA-Nachweise zu erfragen – das wäre fahrlässig gegenüber dem Hund.

Aktivitätstyp: A-B / Charaktertyp: A-B

Steckbrief und Geschichte

LABRADOODLE

Der Hund, der das Designer-Dog-Fieber auslöste – und dessen Schöpfer selbst nicht mehr ganz glücklich damit ist.

Labradoodle, ist nicht gleich Australian Labradoodle – Vorbemerkung

Bevor es um Charakter, Sport und Sofa geht, ist eine Begriffsklärung nötig: Was überhaupt ist ein Labradoodle? Ein echter Labradoodle entsteht ausschließlich aus der Kreuzung eines reinrassigen Labrador Retrievers mit einem reinrassigen Pudel. Das klingt selbstverständlich, ist es aber nicht: Der Begriff wird im Alltag – in Inseraten, auf Züchterseiten, in sozialen Medien – so weitläufig verwendet, dass er de facto bedeutungslos geworden ist. Wer zwei irgendwie doodelig aussehende Hunde miteinander verpaart,

Mini-Steckbrief

Status: Kein FCI-, AKC- oder VDH-anerkannter Rassestandard; keine internationalen Zuchtverbände
Ursprung: Australien, ab 1989;
Schulterhöhe: je nach Pudel-Größe von 35–65 cm,
Gewicht: von 7–40 kg;
Alter: 12–16 Jahre;
Nicht verwechseln mit dem Australian Labradoodle!

kann das Ergebnis Labradoodle nennen, ohne dass irgendjemand es verhindern könnte. Kein FCI-Standard, keine Zuchtverbandskontrolle, keine Bezeichnungsschutz. Der Begriff beschreibt also kein Tier mit verlässlich vorhersagbaren Eigenschaften, sondern einen Ausgangspunkt – eine Kreuzungsidee, die in der Praxis extrem unterschiedliche Ergebnisse liefert. Was ein konkreter Hund, der als Labradoodle angeboten wird, wirklich ist, hängt vollständig von der Seriosität und dem Vorgehen der züchtenden Person ab.

Daneben gibt es den **Australian Labradoodle** – das ist eine andere Kategorie. Der Australian Labradoodle ist das Ergebnis eines mehrere Jahrzehnte langen, kontrollierten Zuchtprogramms, bei dem neben Labrador und Pudel weitere Rassen systematisch eingekreuzt wurden: Irish Water Spaniel, Curly Coated Retriever sowie American und English Cocker Spaniel. Ziel war ein Hund mit stabilen Charaktereigenschaften, zuverlässigem nicht-haarendem Fell und robusten Gesundheitsprofilen. Die Australian Labradoodle Verbände in Australien, Amerika und Europa (LAA, ALAA, WALA, ALAEU) stehen im Austausch miteinander und haben strenge Richtlinien für die Zucht eingeführt; ihre Datenbanken umfassen die Pedigrees von über 70.000 Hunden weltweit. Der Australian Labradoodle wird in den USA vom Continental Kennel Club als eigenständige Rasse anerkannt – weder von der FCI noch vom VDH. Der Labradoodle im eigentlichen Sinne – die direkte F1-Kreuzung aus reinrassigem Labrador und reinrassigem Pudel – ist ein Hybridhund. Nicht schlechter, aber auch nicht gleich.

Was steckt genetisch drin? – Charakter und das Problem der Vorhersagbarkeit

Hier liegt der entscheidende Unterschied zwischen einem F1-Labradoodle und einem Australian Labradoodle – und er ist größer, als viele Käufer ahnen. Nach den Gesetzen der Vererbungslehre lassen sich in der ersten Hybrid-Generation (F1) die Eigenschaften bezüglich Charakter, Größe, Farbe, Fellbeschaffenheit und Wesen noch recht gut vorhersagen. Kreuzt man diese F1-Hybriden aber untereinander weiter, kommt es zu einer viel breiteren Streuung der Erbanlagen, und die Nachkommen weisen kaum noch gemeinsame Merkmale auf. In der gezielten Rasseentwicklung werden daher Generationen so lange kontrolliert verpaart, bis eine genetisch stabile Rasse entsteht – genau das versucht der Australian Labradoodle über Jahrzehnte.
Heißt also: Ein F1-Labradoodle aus reinrassigen Eltern kann die besten Eigenschaften beider Rassen vereinen: die Lernbereitschaft und Freundlichkeit des Labradors mit der Intelligenz und Anpassungsfähigkeit des Pudels. Pudel sind sehr lebhaft, hoch intelligent und haben einen hohen Bindungsgrad; Labrador Retriever zeigen ein freundliches Wesen und sind als mit Will-to-please ausgestattet. Zusammen ergibt das theoretisch einen sozial kompetenten, lernfreudigen, menschenbezogenen Hund – und das ist bei gut gezüchteten Exemplaren tatsächlich oft der Fall.
Das Problem: Es gibt keine Garantie. Charakter, Größe, Felltyp und Gesundheitsprofil können innerhalb eines einzigen Wurfes erheblich variieren. Welchen Charakter ein Labradoodle letztendlich haben wird, lässt sich nur bedingt vorhersagen – in der kleinen Wundertüte stecken zwei charakterlich recht unterschiedliche Hunderassen. Wer gezielt bestimmte Eigenschaften sucht, sollte vielleicht eher einen Australian Labradoodle einem zufällig als Labradoodle bezeichneten Hund vorzuziehen.
Typische Charakterzüge eines gut geratenen Labradoodles sind dennoch beschreibbar: sozial, intelligent, energiegeladen, verspielt, anhänglich. Er schlägt sich gut als Familienhund, als Therapiehund und – sofern entsprechend ausgebildet – auch als Assistenzhund. Das Einfühlungsvermögen

und die Sensibilität für menschliche Stimmungen sind in der Regel ausgeprägt.

Aktivitätslevel – kein Sofahund, kein Extremsportler

Der Labradoodle bewegt sich im mittleren bis hohen Aktivitätsbereich. Er braucht tägliche Bewegung, mentale Stimulation und menschliche Zuwendung. Wer glaubt, ein Doodle sei weniger anspruchsvoll als seine Elternrassen, irrt. Er ist ein aktiver und intelligenter Hund, der sowohl körperlich als auch geistig gefordert werden möchte. Pudel wurden ursprünglich als Jagdhunde gezüchtet und haben bis heute einen ausgeprägten Bewegungsdrang sowie Freude am Apportieren. Labradore brauchen ebenfalls täglich intensive Beschäftigung, sonst werden sie erfinderisch. Beide Eigenschaften landen im Labradoodle – und ergänzen sich meist gut: Er ist aktiv ohne zu rasen, arbeitsfreudig ohne zu überdrehen, kooperativ ohne zu langweilen. Langeweile verträgt er schlecht. Wer ihn unterschätzt und auf reine Spaziergänge reduziert, bekommt früher oder später einen Hund, der die Initiative selbst übernimmt. Hundesport, Dummytraining, Nasenarbeit, Schwimmen, Agility, Mantrailing – er bringt für viele Aktivitäten gute Voraussetzungen mit. Sein freundliches Wesen qualifiziert ihn sogar für Aufgaben als Therapiehund.

Sozialverhalten – der umgängliche Allrounder

Labradoodles sind in der Regel ausgesprochen sozial. Mit Kindern kommen gut sozialisierte Vertreter meist hervorragend aus; sie sind geduldig, verspielt und belastbar genug für den Familienalltag. Mit anderen Hunden zeigen sie überwiegend freundliche und offene Reaktionen. Kleintiere können je nach Ausprägung des Jagdtriebs ein Thema sein – beide Elternrassen bringen jagdliche Instinkte mit, die im Labradoodle in unterschiedlichem Maß auftreten können. Gegenüber fremden Menschen ist der Labradoodle typischerweise aufgeschlossen bis herzlich. Das macht ihn als Wachhund wenig geeignet, als Familienhund sehr attraktiv. Er bindet sich stark an seine Menschen und verträgt Einsamkeit nicht gut – Trennungsangst kann auftreten, wenn das Alleinbleiben nicht frühzeitig und konsequent aufgebaut wird.

Besonderheit: Das Fell – die unterschätzte Herausforderung

Kein anderes Thema beim Labradoodle wird so regelmäßig falsch eingeschätzt wie das Fell. Dabei ist es das, was de facto das Leben mit diesem Hund am meisten prägt. Die Erwartung vieler Käufer: ein nicht haarender Hund mit wenig Pflegeaufwand, ideal für Allergiker. Die Realität: ein Fell, das – je nach Typ – zwischen zwei Stunden pro Woche und zwei Stunden pro Tag Pflege erfordert, regelmäßige Besuche beim Hundefriseur einkalkuliert, und dennoch keine Allergikergarantie darstellt.

Was du mit einem Labradoodle erleben kannst

Gut sozialisiert und artgerecht gehalten, ist der Labradoodle ein überaus vielseitiger Begleiter. Agility, Dummytraining, Schwimmen, Nasenarbeit, Mantrailing, Therapiehundarbeit, Wandern, Radfahren, Canicross – er bringt für viele Aktivitäten gute Grundvoraussetzungen mit. Apportieren liegt ihm im Blut, Wasserbegeisterung ist verbreitet, die Trainierbarkeit ist hoch. Was er mehr als mancher Rassehund braucht: konsequente Erziehung von Anfang an, weil sein Charakter – je nach Zucht – variabel ist und frühe Strukturen umso wichtiger werden. Und natürlich die Bereitschaft, sich ernsthaft mit der Fellpflege auseinanderzusetzen. Wer das ernst nimmt, bekommt einen fröhlichen, zugewandten, lernbegeisterten Begleiter. Wer es ignoriert, bekommt einen verfilzten Hund mit Hautproblemen – und irgendwann einen Besuch beim Hundefriseur, der mit einer Rasur endet.

Genau dein Typ? – Für wen der Labradoodle passt

Der Labradoodle passt zu aktiven Familien und Einzelpersonen, die einen freundlichen, lernfreudigen Hund mit echtem Sozialpotenzial suchen. Die bereit sind, täglich Zeit für Bewegung und Beschäftigung zu investieren. Und die – das ist entscheidend – die Fellpflege als Teil des Deals begreifen, nicht als Nebensächlichkeit.
Er passt zu Allergikern, die vorher individuell testen – und die verstehen, dass das Versprechen von Allergiefreiheit eine Wahrscheinlichkeit ist, keine Garantie.
Er passt zu Ersthundehaltern, sofern sie gut informiert sind und eine Hundeschule nutzen.
Er eignet sich als Therapiehund und Assistenzhund, wenn er entsprechend ausgebildet wird.
Er passt nicht zu dir, wenn du wenig Zeit für Fellpflege hast. Nicht, wenn du auf einen Hund mit verlässlich vorhersagbarem Charakter angewiesen bist. Nicht, wenn deine Erwartung ein wartungsarmer, unkomplizierter Alltagshund ist.
Und er passt definitiv nicht zu dir, wenn du ihn bei einem Züchter kaufen möchtest, der keine Gesundheitstests vorlegt, keine Fragen stellt und schnell liefert. In diesem Fall wäre ein Labrador oder Pudel in mancher Hinsicht die bessere.

Aktivitätstyp: B / Charaktertyp: B

Steckbrief und Geschichte

Außerdem: Portrait Goldendoodle

COCKAPOO

Der älteste Designerhund der Welt – und fast der Einzige, der das Kunststück fertigbringt, Jagdinstinkt und Kuschelkissen gleichzeitig zu sein.

Was steckt in einem Cockapoo? – Vorbemerkung

Wie beim Labradoodle gilt auch hier: Der Begriff „Cockapoo" beschreibt kein Tier mit verlässlich einheitlichen Eigenschaften, sondern eine Kreuzungsidee. Kein FCI-Standard, keine Zuchtverbandskontrolle in Deutschland, kein Bezeichnungsschutz. Was tatsächlich herauskommt, hängt vollständig von den Elterntieren und der Ernsthaftigkeit des Züchters ab.
Der Cockapoo kann als der erste Designerhund überhaupt gelten – noch vor dem Goldendoodle und dem Labradoodle. Erste Cockapoos gab es in den USA in den 1950er-Jahren, als Züchter begannen, American sowie English Cocker Spaniel mit Pudeln zu verpaaren. Wer einen Cockapoo kauft, kauft ein Versprechen – dessen Einlösung vollständig vom Züchter abhängt.

Charakter – freundlich, klug, mit Jagdinstinkt

Was einen gut geratenen Cockapoo ausmacht, lässt sich beschreiben: Cockapoos sind sehr menschenbezogen und fühlen sich am wohlsten, wenn sie Teil des Familienlebens sind. Sie sind anhänglich und genießen es, in der Nähe ihrer Besitzer zu sein – verschmust, sanft, geduldig und kommen gut mit Kindern, anderen Hunden und Haustieren aus. Die entscheidende Einschränkung: Der Cockapoo bindet sich eng an seine Menschen – eine optimale Voraussetzung für die Erziehung. Allerdings bringt er seinen eige-

Mini-Steckbrief

Status: Kein FCI-, AKC- oder VDH-anerkannter Rassestandard; keine internationalen Zuchtverbände
Ursprung: USA, 1950er-Jahre;
Schulterhöhe: je nach Pudel-Größe von 25–45 cm;
Gewicht: von 6–14 kg;
Alter: 12–17 Jahre

nen Dickkopf mit, wenn es um Entscheidungen geht. Und: Da es sich um eine Hybridrasse handelt, ist nicht vorauszusehen, welche Charaktereigenschaften sich durchsetzen. So ist es durchaus möglich, dass sich ein ausgeprägter Jagdtrieb bei deinem Tier zeigt. Der Jagdtrieb des Cocker Spaniels taucht in Cockapoos regelmäßig auf – mal stärker, mal schwächer. Wer ihn ignoriert, bekommt einen Hund, der auf Spaziergängen eigene Pläne verfolgt. Wer ihn durch Nasenarbeit, Dummy-Training oder Fährtenarbeit kanalisiert, hat einen hochmotivierten Partner.

Aktivitätslevel – aktiver als er aussieht

Der Cockapoo wird oft unterschätzt. Wie jeder Hund braucht auch ein Cockapoo seinen täglichen Auslauf. Cockapoos sind sehr bewegungsfreudige Tiere. Ein Cockapoo, der nur spazieren geht, ist nicht ausgelastet. Der Cockapoo wird sicherlich Spaß an Hundesportarten wie Agility, Hundefrisbee oder Flyball haben. Dazu kommen Dogdance, Obedience, Mantrailing und Apportieren als natürliche Betätigungsfelder. Auch als Therapiehund zeigt er sich in geeigneten Kontexten sehr gut.

Besonderheit: Das Fell – unterschätzte Herausforderung

Wie beim Labradoodle ist das Fell die meistunterschätzte Seite des Cockapoos. Da es sich um einen Hybridhund handelt, gibt es keinen Rassestandard und damit kein einheitliches Aussehen. Manche Hunde haben die Locken vom Pudel, manche glatteres Haar. Je mehr Pudelanteil, desto lockiger das Fell – und desto weniger haart es. Aber: Gelöste Haare bleiben im Fell hängen statt herauszufallen. Das führt zu Verfilzungen, die schmerzhaft werden können. Die meisten dieser Hybridhunde benötigen viel Fellpflege und müssen drei- bis viermal im Jahr ge-

schoren werden. Mehrmals wöchentliches Bürsten, regelmäßiges Waschen, Föhnen und Friseurbesuche alle sechs bis acht Wochen sind realistischer Pflegeaufwand.
Die Allergikerversprechen vieler Züchter: Da Menschen auf Haut, Speichel und Schuppen reagieren können, nicht nur auf das Fell, ist es immer ein individuelles Thema und der Hund nicht automatisch reizfrei. Wer unter Allergien leidet, sollte Zeit mit einem Cockapoo verbringen, bevor er sich entscheidet.

Was du mit ihm erleben kannst

Apportieren, Dogdance, Agility, Obedience, Rally Obedience, Mantrailing, Fährtenarbeit, Nasenarbeit, Therapiehundearbeit, Wandern, Schwimmen – der Cockapoo bringt für vieles gute Voraussetzungen mit. Was er braucht: tägliche Beschäftigung, konsequente Erziehung von Anfang an und ein Halter, der die Fellpflege als festen Bestandteil des Alltags begreift.

Genau dein Typ? – Für wen der Cockapoo passt

Der Cockapoo passt zu aktiven Familien und Einzelpersonen, die einen freundlichen, lernfreudigen, menschenbezogenen Hund suchen – und die bereit sind, in Fellpflege und Erziehung zu investieren. Er eig net sich gut für Aufgeschlossene, wenn sie engagiert und offen für vieles sind.
Er passt nicht zu dir, wenn du wenig Zeit für Pflege und Beschäftigung hast. Nicht, wenn du einen Hund mit absolut vorhersagbarem Charakter brauchst. Und nicht, wenn du den nächstbesten Anbieter wählst, ohne nach Gesundheitstests zu fragen.

Aktivitätstyp: B / Charaktertyp: B-C

Steckbrief und Geschichte

MALTIPOO

Klein, flauschig, mit Teddy-Optik und einer Menge Charakter darunter – der Mischling, der fast keine Überraschungen bereithält. Fast.

Was steckt in einem Maltipoo? – Vorbemerkung

Der Maltipoo ist eine Kreuzung aus Malteser und Toy- oder Zwergpudel. Die Rasse wird in Deutschland zunehmend beliebter, da man sie gemeinhin als robust und allergikerfreundlich bewirbt. Der größte kynologische Dachverband FCI erkennt sie jedoch nicht an. Es gibt keinen einheitlichen Rassestandard, keine verbindliche Zuchtüberwachung, keinen Bezeichnungsschutz.
Was ihn von manch anderem Hybridhund unterscheidet: Die kleinen Pudelrassen und der Malteser sind sich charakterlich so ähnlich, dass bei der Mischung kaum Überraschungen zu erwarten sind. Beide Elternrassen sind menschenbezogen, freundlich und kaum jagdlich veranlagt – was den Maltipoo zu einem der vorhersehbareren Hybridhunde macht.

Charakter – fröhlich, anhänglich, mit gelegentlichem Dickschädel

Der Maltipoo ist ein fröhlicher, lustiger und stets gut gelaunter Hund. Er liebt das gemeinsame Kuscheln und kann Stunden mit dir auf der Couch verbringen. Gleichzeitig ist er intelligent, anhänglich, verspielt und gutmütig. Ein Detail, das viele Kaufinteressenten überrascht: Der Pudel-Anteil bringt jagdliche Instinkte mit. Der Malteser hat hingegen seit jeher als Begleithund gedient und zeigt daher kaum Jagdpassionen. Die widersprüchlichen Eigenschaften der Elterntiere machen es letztlich so schwierig, den

Charakter von Maltipoos vorherzusehen. Gegenüber Fremden verhält sich der Maltipoo eher zurückhaltend; manchmal neigt die Rasse zu einer gewissen Bellfreudigkeit. Das lässt sich durch frühe Sozialisation und konsequente Erziehung gut steuern – muss aber aktiv angegangen werden.

Aktivitätslevel – aktiv, aber stadtkompatibel

Ein Maltipoo braucht selbstverständlich täglich Bewegung, es müssen aber keine kilometerlangen Spaziergänge sein. Mit mehreren kürzeren Gassirunden im Stadtpark kann er durchaus zufrieden sein. Das macht ihn zu einem der wohnungsfreundlichsten Hybridhunde. Gleichzeitig gilt: Kopfarbeit ist ebenso wichtig wie körperliche Aktivität. Er lernt gerne, und ein Maltipoo, der regelmäßig gefordert wird, ist ruhiger und ausgeglichener.

Mini-Steckbrief

Status: Kein FCI-, AKC- oder VDH-anerkannter Rassestandard; keine internationalen Zuchtverbände
Ursprung: USA, 1980er-Jahre;
Schulterhöhe: je nach Pudel-Größe von 20–35 cm;
Gewicht: von 2–10 kg;
Alter: 12–15 Jahre

Besonderheit: Das Fell – pflege-intensiver als es scheint

Das Fell des Maltipoos wächst kontinuierlich und hat keinen klassischen Fellwechsel. Das Fell dieser Rasse fällt nicht aus und wächst unaufhörlich. Trimme das Fell regelmäßig. Nimmst du eine Bürste zur Hand und kämmst es mehrmals die Woche, kannst du vermeiden, dass sich Knoten bilden und es verfilzt. Die Allergiker-Eignung: Beide Elternrassen haaren kaum. Es existiert kein jahreszeitlicher Fellwechsel. Aber: Auch hypoallergene Hunde verlieren Hautschuppen und Speichel, die für Allergiker gewisse Reaktionen hervorrufen können. Deshalb ist es wichtig, dass sich Betroffene noch vor dem Kauf testen lassen.

Was du mit ihm erleben kannst

Trickdogging, Dogdance, Nasenarbeit, Rally Obedience, Agility (kleiner Parcours), Mantrailing, Therapiehundearbeit, Spaziergänge, Stadtausflüge jeder Art. Der Maltipoo ist für seine Größe überraschend vielseitig. Was er vor allem braucht: dich. Möglichst nah, möglichst viel.

Genau dein Typ? – Für wen der Maltipoo passt

Der Maltipoo passt zu Menschen jedes Alters, die einen herzlichen, anpassungsfähigen Alltagsbegleiter suchen – in der Stadtwohnung genauso wie in einem Haus. Er ist einer der wenigen Hybridhunde, die sich gut für Senioren, Singles mit begrenztem Bewegungsangebot und Familien mit kleinen Kindern gleichermaßen eignen. Er passt nicht zu dir, wenn du Fellpflege als Nebensache betrachtest. Nicht, wenn du ihn regelmäßig lange alleine lässt. Und nicht, wenn du auf gut gemeinte Marketingversprechen über Allergenfreiheit vertraust, ohne selbst getestet zu haben.

Aktivitätstyp: C / Charaktertyp: C

Steckbrief und Geschichte

Mini-Steckbrief
Status: Kein FCI-, AKC- oder VDH-anerkannter Rassestandard; keine internationalen Zuchtverbände
Ursprung: USA, 1990er-Jahre;
Schulterhöhe: ca. 15–23 cm;
Gewicht: ca. 2–4,5 kg;
Alter: 12–20 Jahre

CHORKIE

Yorkshire Terrier trifft Chihuahua – zwei Rassen mit viel Persönlichkeit auf wenig Körper. Das Ergebnis ist eine Wundertüte mit eigenem Kopf.

Was steckt in einem Chorkie? – Einordnung

Der Chorkie ist eine Kreuzung aus reinrassigem Chihuahua und reinrassigem Yorkshire Terrier. Er ist einer der selteneren Hybridhunde – in Deutschland kaum zu finden, in den USA und Großbritannien verbreiteter. Weder der FCI, noch der AKC, noch der Kennel Club UK erkennen ihn als Rasse an. Es gibt keinen verbindlichen Rassestandard, keine Zuchtverbandskontrolle, keinen Bezeichnungsschutz. Was ihn von vielen anderen Hybridhunden unterscheidet, ist die Ähnlichkeit seiner Elternrassen: Chihuahua und Yorkshire Terrier sind sich charakterlich viel näher als beispielsweise Pudel und Labrador. Beide sind klein, selbstbewusst, anhänglich, bellfreudig und können mit Fremden zurückhaltend sein. Das macht den Chorkie zu einem der vorhersagbareren Hybridhunde – zumindest was die Grundzüge angeht. Was es trotzdem gelegentlich zu Überraschungen kommen lässt: Beide Elternrassen haben auch ihre Schattenseiten, und die können sich ebenfalls kombinieren.

Charakter – mutig, treu, und gelegentlich schwierig

Der Chorkie ist kein Hund für Menschen, die einen unkomplizierten Begleiter suchen. Er hat Persönlichkeit – im vollen Sinne des Wortes. Von beiden Elternrassen erbt er eine starke Bindung an seine Bezugsperson, Verspieltheit und Energie. Er ist intelligent und lernt schnell – wenn er will. Und er will nicht immer. Der Yorkshire Terrier bringt Terrier-Sturheit mit, der Chihuahua seinen bekannten Eigenwillen. Zusammen ergibt das einen kleinen Hund mit eigenem Kopf, der liebevoll geführt werden muss, ohne dass man sich von seiner Niedlichkeit einlullen lässt. Bellfreudigkeit ist eine charakteristische Eigenschaft vieler Chorkies: Als Wachhunde beider Elternrassen ist das Melden von Fremdem und Ungewohntem tief im Instinkt verankert. Frühe Sozialisation und konsequentes Training können das kanalisieren, aber vollständig abstellen lässt es sich in der Regel nicht. In Mehrfamilienhäusern oder mit empfindlichen Nachbarn kann das zum Thema werden. Gegenüber Kindern, besonders kleineren, ist Vorsicht angebracht: Seine geringe Größe macht ihn verletzbar, und wenn er sich bedrängt fühlt, kommuniziert er das klar. Ältere Kinder, die respektvoll mit ihm umgehen, gewinnen in ihm einen loyalen Spielgefährten.

Aktivitätslevel – lebhafter als er aussieht

Der Chorkie ist trotz seiner Winzigkeit kein reines Schoßhündchen. Er hat echten Bewegungsdrang und braucht tägliche Spaziergänge sowie mentale Beschäftigung. Trickdogging, Nasenarbeit, kleine Agility-Parcours, Intelligenzspiele – er ist aufnahmefähiger als viele glauben. Wer ihn körperlich und geistig auslastet, bekommt einen ausgeglichenen, ruhigen Hund. Wer ihn unterschätzt, bekommt einen quengeligen, bellenden Hund mit zu viel ungenutzter Energie. Lange Wanderungen oder intensive Sportarten sind aufgrund seiner Größe und seiner Bodennähe nicht ideal. Er friert schnell – bei Kälte und Regen gehört ein kleiner Hundemantel zur Grundausstattung.

Besonderheit: Fell – Pflegeaufwand je nach Elternteil

Das Fell des Chorkies variiert stark: Dominiert der Yorkie, ist es lang, seidig und fließend – mit entsprechendem Pflegeaufwand, da es zu Verfilzungen neigt. Dominiert der Chihuahua, kann es auch nur kurz, glatt und pflegeleicht sein. Beides ist möglich, auch innerhalb desselben Wurfes. Haart der Chorkie? Das kommt auf den Felltyp an. Kurzhaarige Varianten haaren moderat, langhaarige deutlich weniger – aber ihr langes Fell fängt Schmutz und verfilzt ohne regelmäßiges Bürsten. Beim Yorkshire-Fell-Typ heißt es also: tägliches Kämmen, gelegentliches Trimmen, regelmäßige Ohrenkontrollen.

Was du mit ihm erleben kannst

Er lässt sich für vieles begeistern: Trickdogging, Nasenarbeit, kleine Agility-Einheiten, Dogdance, Mantrailing auf kurzen Strecken, Spaziergänge, Stadtausflüge, Reisen (kompakte Größe, Kabinentauglich im Flieger). Als Therapiehund in ruhigen Kontexten, wo seine geringe Größe ein Vorteil ist, zeigt er sich einfühlsam und zugewandt. Was er nicht braucht: intensive Sportarten, lange Bergtouren, unsichere Führung und Menschen, die ihn als Accessoire betrachten anstelle als Hund.

Genau dein Typ? – Für wen der Chorkie passt

Der Chorkie passt zu Menschen, die einen kleinen, lebhaften, treuen Begleiter mit echtem Charakter suchen – und die bereit sind, mit dem Yorkshire-Terrier-Eigensinn und der Chihuahua-Intensität entspannt umzugehen. Er passt gut in Stadtwohnungen, zu Singles, Paaren und Familien mit älteren Kindern. Er passt nicht zu dir, wenn du perfekte Folgsamkeit erwartest. Nicht, wenn du kleine Kinder hast, die noch nicht gelernt haben, respektvoll mit einem kleinen Tier umzugehen. Nicht, wenn du Nachbarn mit dünnen Wänden hast und hoher Lärmsensibilität. Und nicht, wenn du glaubst, ein kleiner Hund brauche keine Erziehung – das ist der häufigste Fehler in der Haltung beider Elternrassen, und er setzt sich beim Chorkie fort.

Aktivitätstyp: C / Charaktertyp: B-C

Steckbrief und Geschichte

PUGGLE

Wenn Mops-Charme auf Beagle-Energie trifft – und niemand vorhersagen kann, was dabei herauskommt.

Was steckt in einem Puggle? – Vorbemerkung

Der Puggle ist eine Kreuzung aus Mops und Beagle. Beides sind beliebte, charakterlich gut beschreibbare Rassen – und beide könnten kaum unterschiedlicher sein. Der Mops ist anpassungsfähig, empfindsam, liebenswürdig und charmant, er hat keinen Jagdtrieb und gehorcht bei konsequenter und liebevoller Führung sehr gut. Der Beagle allerdings ist aufgeweckt, aktiv, umtriebig und sturköpfig – als waschechter Jagdhund braucht er viel Bewegung und Kopf- und Nasenarbeit, um sich ausgelastet zu fühlen. Welpen dieser Eltern sind in ihrem Wesen daher unberechenbar. Das ist die ehrliche Kurzfassung. Wer sich einen Puggle wünscht, der gutmütig auf dem Sofa liegt, bekommt vielleicht einen Hund mit Beagle-Nase und unbändigem Trieb. Wer einen aktiven Sportpartner erwartet, bekommt vielleicht einen Mops-Gemütsmenschen, dem der Beagle-Körper fehlt. Das Ergebnis bleibt Überraschung.

Charakter – das große Überraschungspaket

Je nachdem, welche Elternrasse sich durchsetzt, bekommt man zwei sehr unterschiedliche Hunde. Schlägt er nach dem Mops: ein ruhiger, anhänglicher, verschmuster Begleiter, der moderate Bewegung liebt und mit seiner Familie durch den Tag gleitet. Schlägt er nach dem Beagle: einen starken

Mini-Steckbrief

Status: Kein FCI-, AKC- oder VDH-anerkannter Rassestandard; keine internationalen Zuchtverbände
Ursprung: USA, 1980er-Jahre;
Schulterhöhe: ca. 20–38 cm;
Gewicht: ca. 7–18 kg;
Alter: 10–15 Jahre

Bewegungsdrang, viel Auslauf nötig, ausgeprägten Jagdtrieb – dieser kann dazu führen, dass der Rückruf schwierig ist und der Hund auf Fährten mit der Nase „davonzieht". Was beide Varianten verbindet: Da sowohl Beagle als auch Mops freundliche Familienhunde sind, bringen die meisten Puggle diese gern gesehene Eigenschaft mit. Kinderfreundlichkeit, Offenheit gegenüber Menschen und Verträglichkeit mit anderen Hunden sind bei gut erzogenen Exemplaren gut ausgeprägt.

Das Gesundheitsrisiko – der kritische Punkt

Hier liegt der eigentliche Problempunkt des Puggles. Im schlimmsten Fall entstehen Hunde, welche über die Atemprobleme und körperlichen Einschränkungen des Mops verfügen, denen jedoch der aktive Geist und der ausgeprägte Jagdtrieb eines Beagle innewohnt. Wer Pech hat, bekommt einen Hund, dessen Körper nicht zu seinen Bedürfnissen passt.
Gesundheitliche Risiken aus beiden Linien: Atemwegsprobleme aus der Mops-Linie (brachycephale Anlage), progressive Retinaatrophie, Hüftgelenksdysplasie, Knorpelschwäche aus der Beagle-Linie.
Da kein Zuchtverband kontrolliert, variiert die Qualität der Zucht erheblich. Gezüchtet wird fast immer mit einer Beagle-Hündin und einem Mops-Rüden – weil Mops-Hündinnen nicht immer problemlos gebären können und mit ihren kurzen Schnauzen die Welpen weniger gut versorgen. Das schränkt das gesundheitliche Risiko etwas ein, ist aber kein Freifahrtschein.

Was du mit ihm erleben kannst – Aktivitäten

Viele Puggle sind echte Sportsfreunde. Das haben sie ihrem Beagle-Erbe zu verdanken. Ausgewachsene Vertreter eignen sich gut für Agility und sind begeistert bei vielen Hundesportarten dabei – Apportieren, Nasenarbeit, Dog Dancing. Gilt für den aktiven Typ. Der gemächlichere Mops-Puggle ist glücklicher bei entspannten Spaziergängen, Familienleben und viel Kuschelzeit.

Genau dein Typ? – Für wen der Puggle passt

Der Puggle passt zu Familien und aktiven Einzelpersonen, die eine Überraschung mögen und bereit sind, den Hund so anzunehmen, wie er ist – ob nun aktiver Nasenarbeiter oder gemütlicher Sofagefährte. Er eignet sich für Menschen, die Erfahrung mit beiden Elternrassen haben oder sich gründlich mit ihnen auseinandergesetzt haben.
Er passt nicht zu dir, wenn du auf einen Hund mit verlässlich vorhersagbaren Eigenschaften angewiesen bist. Nicht, wenn du athletischen Hochleistungshund-Sport planst. Und definitiv nicht, wenn du hoffst, durch die Kreuzung das Gesundheitsrisiko des Mopses vollständig zu eliminieren – das ist keine Garantie.

Aktivitätstyp: C / Charaktertyp: C

Steckbrief und Geschichte

Portraits Pomsky und Exoten wie Kokoni und Ratonero

7

7.

WEG MIT DEN KLISCHEES – HER MIT FAKTEN!

Was dein Hund wirklich ist – Rasse, Gene, Epigenetik und der Mythos vom „gleichen Typ" – und warum es heute kaum noch einen Unterschied macht, ob dein Hund einen Stammbaum hat oder nicht.

Auch, wenn „Rasse" kein zuverlässiger Schlüssel zum Charakter ist, gibt es doch Merkmale, an der sich bestimmte Rassen orientieren. Forscher um Dutrow, Serpell und Ostrander haben in einer umfassenden Studie 2022 festgestellt, dass sich Hunde genetisch in zehn große Abstammungslinien einteilen lassen – Hirten-, Jagd-, Herdenschutz-, Gesellschaftshunde und andere. Und dass diese Linien tatsächlich mit bestimmten Verhaltenstendenzen verbunden sind. Entscheidend dabei: Die Verhaltensunterschiede zwischen diesen Linien werden durch feine Schalter im Erbgut, die bestimmen, wann und wie stark bestimmte Gene aktiviert werden, gesteuert. Was wir aus diesen verschiedenen Linien also herauslesen dürfen, ist eine Tendenz, keine Vorhersage. Und was wir oft zusätzlich hineindeuten, ist etwas ganz anderes: nämlich unsere eigene Erwartung. Eine aktuelle Studie von Molinaro und Wynne aus 2025 zeigt, dass Menschen die Gefühle eines Hundes weit überwiegend aus dem Kontext des Geschehens ableiten – aus der Situation um den Hund herum –, nicht aus dem, was der Hund selbst tut. Die Körpersprache des Tieres, seine tatsächlichen Signale, werden dabei systematisch übersehen. Das bedeutet: Wir sehen oft weniger den Hund als das Bild, das wir uns von ihm gemacht haben. Dieses Bild wird durch Rassezuschreibungen kräftig grundiert. Den „schuldigen Blick" nach dem Missgeschick interpretieren wir als Reue – obwohl er in der Regel Angst signalisiert. Den aufgeweckten Border Collie loben wir für seine Intelligenz – und fördern damit genau das Verhalten, das wir dann als rassetypisch beschreiben. Nachdem wir schon geklärt haben, dass die Rasse alleine nur einen Bruchteil dessen mitgibt, wie ein Hund ist und wir auch mit unseren Erwartungshaltungen unsere Beobachtungen selbst beeinflussen (siehe hierzu auch Kapitel 3), muss es noch andere Faktoren geben, die den Charakter eines Hundes mit formen und prägen.

Ein neuer Faktor: Epigenetik als Schlüssel

Parallel zu den verhaltensbiologischen Erkenntnissen hat sich ein wissenschaftliches Feld entwickelt, das auch für das Verständnis von Hunden enorm wichtig ist: die Epigenetik. Dr. Peter Spork, promovierter Biologe und einer der renommiertesten Wissenschaftsjournalisten Deutschlands, bringt es auf den Punkt: Gene sind Schicksal, lautete lange die landläufige Meinung. Inzwischen weiß man, dass das genetische Erbe nicht gänzlich in Stein gemeißelt ist – wir können genetische Anlagen modifizieren, auch bei unseren Hunden. Stress, Traumata und Fehlernährung, aber auch Geborgenheit und Sicherheit verändern die Genaktivität – ohne die DNA selbst anzutasten. Epigenetik beschreibt, wie Umweltfaktoren dauerhaft in die Genaktivität eingreifen. Als Hundehaltende wirken wir auf diese epigenetische Regulation ein – und können so das Zellgedächtnis umschreiben sowie Gesundheit und Verhalten nachhaltig beeinflussen. Frühkindliche Erfahrungen in den ersten Lebensmonaten prägen Angstverhalten und Aggressivität im Erwachsenenalter oft stärker als die genetische Herkunft. Spork formuliert es so: Dein Hund ist nicht die Summe seiner Gene. Er ist also auch nicht das Produkt seiner Rasse oder der Rassehundezucht. Wie er dich anschaut, wie er sich führen lässt – so ist er nicht geworden, weil er all das genetisch geerbt hat. Vieles davon hat er von dir.

Die Psyche steuert mit

Während Spork die epigenetische Seite beleuchtet, nähert sich Robert Mehl, Diplom-Psychologe und Kriminologe, dem Thema von einer verwandten Richtung: der Neurobiologie. Sein zentraler Gedanke: Alles beginnt im Kopf. Nicht die Rasse steuert das Verhalten – das Gehirn tut es. Und das Gehirn aller

Säugetiere ist in seinem grundlegenden Aufbau ähnlich. Erkenntnisse aus den Humanwissenschaften lassen sich auf den Hund übertragen – die Parallelen bei Emotionen wie Angst, Wut und Aggression sind erstaunlich. Was das für die Frage „Rasse oder Individuum?“ bedeutet, liegt auf der Hand: Wenn das Verhalten eines Hundes primär durch neurobiologische Prozesse gesteuert wird, dann ist die Rasse nur eine von vielen Variablen. Die Qualität der Bindung zwischen Hund und Halter ist dabei oft der eigentliche Schlüssel zu Verhaltensproblemen.

Warum auch Jagdhunde heute meist Familienhunde sind

Ein Wort noch zu einer Gruppe, die besonders gerne als Gegenbeispiel herangezogen wird: die Jagdhunde. Stimmt es nicht, dass ein Weimaraner eben ein Weimaraner ist und ganz andere Ansprüche stellt als ein Mops? Grundsätzlich: ja, es gibt Unterschiede im Energielevel, in der Aktivität, in der Tendenz zur Selbständigkeit. Aber auch hier gilt: Viele Jagdhunderassen sind jagdlich gesehen „arbeitslos“, weil die Jagdformen, für die sie einst gezüchtet wurden, heute kaum noch existieren. Sehr viele Weimaraner, Vorstehhunde oder Spaniel leben heute als Familienhunde – manchmal mit Hundesport als Ausgleich, manchmal ohne. Den meisten Arbeitshunden eilt der Ruf voraus, dass sie als klassische Familienhunde nicht besonders gut geeignet seien. Das stimmt so aber nicht ganz: Mit der richtigen Ausbildung und dem richtigen Umgang sind die meisten Arbeitshunde eine hervorragende Ergänzung für jede Familie. Die entscheidende Variable ist nicht die Rasse – es ist die Passung zwischen dem individuellen Energielevel, den Bedürfnissen und der Persönlichkeit dieses konkreten Hundes und deinem Lebensalltag.

Was wirklich zählt – Charakter ist mehr als Genetik

Wenn Rasse und Gene so wenig über den individuellen Hund aussagen – was sagt dann etwas aus? Lass es uns auf den Punkt bringen. Die frühe Kindheit ist entscheidend. Welpen, die in stabilen, reizreichen Umgebungen aufwachsen und viele positive Kontakte haben, entwickeln in der Regel ein stabileres Nervensystem. Welpen, die in Isolation, Stress oder Reizarmut aufwachsen, tragen diese Erfahrungen epigenetisch mit sich. Hinzu kommt die Bindungsqualität: Ein Hund, der weiß, dass er sich auf dich verlassen kann, wird entspannter, kooperativer und belastbarer sein. Und schließlich gilt: Jeder Hund ist ein genetisches Unikat mit einer einzigartigen Lebensgeschichte – auch innerhalb einer Rasse, auch bei genetisch eng verwandten Tieren sind die Verhaltensunterschiede enorm. Der Hund vor dir ist immer zuerst ein Individuum. Wie das konkret aussehen kann – was sich aus dem Rasseanteil entwickelt, was nicht, welche Überraschungen das Leben mit einem Mischling bereithält und welche Stärken sich zeigen, wenn man ihn lässt, wer er ist – das erzählen die Halterinnen und Halter im Kapitel 4 besser als jede Statistik es könnte. Damit bist du am hoffentlich versöhnlichen Ende angekommen; denn wie wir wissen, sind wir alle Individuen und unterschiedlich. Die Typvorschläge, die du im Buch bei den Portraits findest, stellen eine grobe Einordnung dar, die dir helfen soll, den richtigen Hund für dich zu finden bzw. deinen Hund besser zu verstehen. Ganz egal, ob Rasse, Mix oder Einmal-quer-durchs-Dorf.

Apropos: Wie finde ich den richtigen Tierschutzhund?

Ein Hund aus dem Tierschutz kann eine der besten Entscheidungen sein, die man treffen kann. Ob es so wird, hängt zu einem erheb-

lichen Teil nicht vom Hund ab, sondern von der Organisation, über die man ihn adoptiert. Fakt ist: Seriöse Tierschutzvermittlungen – ob inländisch oder international – erkennt man an einigen klaren Merkmalen. Das Wichtigste: Der Verein verfügt über eine Genehmigung nach § 11 Tierschutzgesetz, die ihm die Sachkunde für die Vermittlung, Haltung und Pflege von Tieren bescheinigt. Außerdem: die spezielle Berechtigung, Tiere aus dem Ausland einzuführen – hier scheitert es oft schon mit dem Ehrlichkeitswillen der Vereine. Der sogenannte 11er hat mehrere Abschnitte, die jeweils verschiedene Aufgaben regeln. Grundsätzlich gilt: Wenn der Verein die tierschutzrechtlichen Genehmigungen hat, darüber hinaus gemeinnützig anerkannt und im Vereinsregister eingetragen ist, ist das ein guter Start. Idealerweise arbeitet er eng mit Tierheimen und Pflegestellen zusammen, um die Vermittlung verantwortungsbewusst zu gestalten. Er beantwortet konkrete Fragen zu den Hunden – nicht nur anhand von Fotos, sondern mit umfassenden Informationen. Die Vermittlungstexte werden objektiv und realistisch verfasst, ohne zeitlichen Druck oder emotionale Erpressung.

Pflegestelle für die Neuorientierung

Besonders wichtig ist der Einsatz von Pflegestellen als Zwischenstation. Ein Hund, der aus dem Ausland kommt, hat dadurch Gelegenheit, erst einmal anzukommen. Pflegestellen sind nämlich mehr als ein Warteplatz: Sie bereiten den Hund auf den hiesigen Alltag vor, ermöglichen erste Begegnungen mit Kindern, anderen Hunden, dem Stadtleben – und sie liefern die ehrlichsten Informationen über Charakter und Verhalten, die man bekommen kann. Eine vernünftige Einschätzung des Hundes erfolgt bereits vor der Vermittlung, um sicherzustellen, dass zukünftige Mensch-

Hund-Teams und Hund gut zueinanderpassen. Zudem gibt es immer eine Rücknahmeoption für vermittelte Hunde, falls sich die Situation unerwartet ändert.
Ein weiteres Zeichen von Seriosität: Die Organisation arbeitet auch vor Ort im Herkunftsland – durch Kastrationsprojekte, Ausbau des lokalen Tierschutzes, Unterstützung von Tierheimen –, statt sich ausschließlich auf die Umsiedlung der Tiere zu konzentrieren. Organisationen, die primär auf emotionale Appelle setzen – „Dieser Hund wird getötet, wenn du ihn nicht adoptierst“ – oder alle ihre Hunde pauschal als problemlos und ideal sozialisiert beschreiben, sollte man mit Vorsicht begegnen.

Was schließlich für alle Tierschutzhunde gilt, unabhängig von Herkunft und Vermittlungsweg: Eine verlässliche Anlaufstelle in Deutschland, die bei Problemen hilft und gegebenenfalls ein Tier auch zurücknimmt, ist unerlässlich. Die Europäische Kommission hat im Dezember 2023 einen Verordnungsvorschlag vorgelegt, der EU-weit erstmals einheitliche Mindeststandards für Zucht, Haltung und Rückverfolgbarkeit von Hunden und Katzen einführen soll – auch für Importe aus Drittstaaten. Bis dieser Rahmen vollständig greift, liegt die Verantwortung bei den Vermittlungsorganisationen. Und großes Stück auch bei uns.

Bildnachweis

Brandstätter: S. 17
Thore Brockhoff: S. 5, 12, 14, 16, 33, 40, 41, 42, 48, 50, 51, 52, 53, 54, 73, 74, 75, 76, 77, 78, 79, 80, 83, 84, 85, 89, 90, 91, 92, 93, 94, 95, 96, 97, 98, 99, 100, 101, 102, 104, 105, 106, 107, 108, 109, 110, 131, 132, 133, 146, 147, 148, 149, 184, 187
Alexander Engel: S. 19, 24, 31
Bianka Gaede: S. 2, 156, 157, 158, 159
Regine Heuser: S. 9
Eva Holderegger Walser: S. 35, 37, 38, 39
Privat: S. 4, 25, 26, 27, 28, 29, 30, 32, 56, 81, 111, 153
Lena Schwarz: S. 4, 21, 23, 43, 44, 45, 46, 62, 63, 120, 121, 122, 189
Susanne Steiger: S. 173
Daniela van der Lichte: S. 160, 161, 163
Nadia Winter: S. 59, 60, 61, 71

MATTHEW PALMER/Getty Images: S. 171; Luise/Getty Images: S. 179

Christian Papke/stock.adobe.com: S. 65; Deise/stock.adobe.com: S. 66; Kate/stock.adobe.com: S. 69; Rita Kochmarjova/stock.adobe.com: S. 70; Nadie Hase/stock.adobe.com: S. 86; Etienne Botha/stock.adobe.com: S. 87; DoraZett/stock.adobe.com: S. 113, 115; PetrBonek/stock.adobe.com: S. 114; Martin Hahn/stock.adobe.com: S. 117; Marco/stock.adobe.com: S. 118; SasaStock/stock.adobe.com: S. 125; Hamik/stock.adobe.com: S. 126; Pavel Gerasimenko/stock.adobe.com: S. 127; happy monkey/stock.adobe.com: S. 128, S. 129; julia_siomuha/stock.adobe.com: S. 134; hemlep/stock.adobe.com: S. 135; Brigitte/stock.adobe.com: S. 136; e-Kis/stock.adobe.com: S. 137; Ricant Images/stock.adobe.com: S. 139; Samantha/stock.adobe.com: S. 140; Rita Kochmarjova/stock.adobe.com: S. 141; bina01/stock.adobe.com: S. 141, 142; Евгения Шихалеева/stock.adobe.com: S. 143; ksukca/stock.adobe.com: S. 144; Bianca/stock.adobe.com: S. 150; Andrea/stock.adobe.com: S. 164, 165, 166; Karla Schwede/stock.adobe.com: S. 167; Josephine/stock.adobe.com: S. 168; DEN/stock.adobe.com: S. 170; Ian/stock.adobe.com: S. 180; sabine/stock.adobe.com: S. 182;

Fridi Antrack/Unsplash: S. 49; Herique Malaguti/Unsplash: S. 67; Stein Yaegar/Unsplash: S. 88; Amy Starr/Unsplash: S. 123; Ray Harrington/Unsplash: S. 124; jamie street/Unsplash: S. 177

Wikipedia CC-BY-SA-3.0: 151

Ein paar Worte hinterher

Alles, was ich in diesem Buch zusammengetragen habe, soll dir helfen, das Beste Miteinander mit einem – genauer gesagt deinem – Hund zu erreichen. Es basiert auf vielen Gesprächen, jahrzehntelanger eigener Erfahrung und angeeignetem Wissen sowie dem Input zahlreicher Expertinnen und Experten. Ein besonderer Dank gilt zudem den Rasse-Insidern, Mischlingshaltenden sowie den Fotografinnen und Fotografen, die viele einzigartige Bilder beigesteuert haben. Die Typisierung ist nach bestem Wissen und Gewissen erfolgt, sie dient als Orientierung, und natürlich wissen wir alle, dass das immer auch eine individuelle Variante erlaubt. Dennoch haben mich viele darin bestärkt, mit diesem Buch einem anderen Blick auf die Auswahl eines Hundes und euer Zusammenleben zu ermöglichen. Ohne all diese Menschen, die dieselbe Leidenschaft wie ich teilen, Wissen weiterzugeben, Momente zu schaffen und Inspiration zu geben, wäre dieses Buch nicht entstanden. Danke.

Zur Autorin

Susanne C. Steiger ist Journalistin, Autorin und Kommunikatorin – und seit vielen Jahren einer der wenigen Menschen, die das Thema Hund konsequent aus zwei Richtungen betrachten: mit dem Kopf und mit dem Herzen.
Als studierte Landschaftsplanerin und Städtebauerin erweiterte sie ihr Wirkungsfeld durch ein Masterstudium internationaler Medienwissenschaften. Ihre Berufsbiografie ist bunt und zeigt doch eines: Sie mag Zusammenhänge. Wie Dinge entstehen. Warum etwas so ist, wie es ist. Diese Haltung trägt sie auch in ihre Arbeit mit dem Thema Hund.
Nach verschiedenen Stationen kam es (endlich) von der privaten Hundeliebe zur langjährigen Berufung: Von 2019 bis 2025 war sie Chefredakteurin und Objektleiterin der Publikumsmarke DER HUND. In dieser Zeit baute sie die DER HUND Akademie auf und leitete sie – ein Weiterbildungsformat, das Wissenschaft und Praxis zusammenbrachte und für das sie mehr als 70 Webtalks, Live-Seminare und Podcasts moderierte oder selbst bestritt. Renommierte Forschende wie Prof. Dr. Ádám Miklósi und Prof. Dr. Kurt Kotrschal gewann sie als Referenten und ebenso namhafte Hundetrainerinnen, von denen ebenfalls einige auch in diesem Buch zu Wort kommen. Als Referentin trat sie selber auf Fachkonferenzen und in der Industrie auf, unter anderem beim Hundekongress, BHV und bei Pharmaunternehmen. Beim Verlag Müller Rüschlikon erschienen bereits zwei Bücher von ihr. Heute richtet sie unter anderem Hundetrainerinnen-Weiterbildungen unter dem Label AproposHund aus. Und sie hält Hunde – natürlich.

REGISTER

Nachfolgend findest du alle in Buch und per Download abrufbare portraitierten Rassen und Mixe. Hinter den Namen siehst du ihre Zuordnungen zum Aktivitätslevel und danach zum Charaktertyp. Manchmal sind Kombinationen möglich. Natürlich entsprechen nicht alle Hunde 100-prozentig genau diesem einen Typ, aber es ist eine Orientierung, die in der Mehrheit zutreffend ist.

Für die Zuordnungen gilt:
Aktivitätslevel: A = hochaktiv · B = aktiv-ausgewogen · C = gemäßigt · D = ruhig;
Charaktertyp: A = eigenständig/selbstbewusst · B = kooperativ/lernfreudig · C = unkompliziert/zugänglich · D = sanft/anlehnungsbedürftig

Bei den Rassen mit Sternchen findest du das komplette Portrait online mit dem entsprechenden QR-Code von der Seite, wo sie erwähnt werden.

Flat Coated Retriever*	B	B	80
Galgo	C	C–D	152
Golden Retriever	B	B	76
Goldendoodle*	B	B	176
Havaneser*	C	C	152
Irish Wolfhound*	C	C–D	169
Kangal	B-C	A	58
Kleiner Münsterländer	A	B	107
Kokoni*	C	B	183
Kooikerhondje*	B	B	110
Kromfohrländer	C	B–C	150
Labradoodle	B	B	173
Labrador Retriever	B	B	73
Lagotto Romagnolo	B	A–B	104
Leonberger*	C	B	70
Maltipoo	C	C	178
Mini-Bullterrier	A	A–B	119
Papillon*	B	B–C	152
Parson Russell Terrier	A	A	113
Pomeranian	B-C	B	140
Pomsky*	B–C	A–B	183
Pudel	B	B	146
Puggle	C	C	182
Ratonero Bodeguero Andaluz*	B	A–B	183
Rhodesian Ridgeback	B	A	100
Rottweiler	B	A	67
Saluki	B–C	A–B	160
Großer Schweizer Sennenhund*	C	B	70
Sheltie	B	C	47
Shiba	B	A	137
Siberian Husky	A	A–B	133
Silken Windsprite	C	C–D	164
Tervueren/Belgischer Schäferhund*	A	B	55
Tibet Terrier*	C	B	126
Magyar Vizsla	A	B	93
West Highland White Terrier*	B	B	126
Weimaraner	A	B	96
Whippet	C	C–D	167
Yorkshire Terrier	B	B	117

BÜCHER ZUM WEITERLESEN

Susanne C. Steiger
Erste Hilfe am Hund
Für den Notfall gut gerüstet

128 Seiten
ISBN 978-3-275-02126-0
€ 19,95/€ (A) 20,60

Diana Tiebes
Die fünf Hundetypen
In der traditionellen chinesischen Veterinärmedizin

176 Seiten
ISBN 978-3-275-02258-8
€ 24,90/€ (A) 25,60

Monika Schaal
Hundesprache erkennen – Verhalten verstehen
Dolmetscher für Hundehalter

176 Seiten
ISBN 978-3-275-02289-2
€ 24,90/€ (A) 25,60

Irene Sommerfeld-Stur
Rassehundezucht
Genetik für Züchter und Halter

368 Seiten
ISBN 978-3-275-02311-0
€ 39,90/€ (A) 41,10

Susanne C. Steiger
Medical Training für Hunde
Entspannt bei Tierarzt, Pflege & Co.

144 Seiten
ISBN 978-3-275-02327-1
€ 22,00/€ (A) 22,70

Pat Hastings
Doris Walder
Eva Holderegger Walser
Welpentest und Hundeanalyse
Körperbau – Fit for Function – einfach erklärt

368 Seiten
ISBN 978-3-275-02375-2
€ 39,90/€ (A) 41,10

Änderungen in Preis und Lieferfähigkeit vorbehalten.
Überall, wo es Bücher gibt, oder unter
WWW.MUELLER-RUESCHLIKON.DE
Service-Hotline: 0711 / 78 99 21 51

Müller Rüschlikon